U0389556

[日]吉野彰
（Yoshino Akira）著

张涛 刘喜正 译

电池引发的能源革命

化学工业出版社
·北京·

内容简介

《电池引发的能源革命》是诺贝尔化学奖获得者日本科学家吉野彰的著作。本书内容涉及锂离子电池的发展历史、开发秘闻和产业化道路，重点讲述了作者在锂离子电池研发过程中的秘闻和产业化成功的秘诀，剖析了锂离子电池研发所经历的三个阶段——探索研究、开发研究和事业研究，并对锂离子电池跨越三个重要关口——"魔鬼之河""死亡之谷"和"达尔文之海"的艰难历程进行了精辟的总结，展望了锂离子电池所面临的下一个重大使命——从IT（信息技术）社会到ET（能源与环境技术）革命。

本书兼具亲和性、趣味性和前瞻性，适合新能源、新材料、电化学等相关专业领域的本科生、研究生，以及相关企业和科研院所的研发人员、技术人员参考学习；也可供大众读者作为科普读物阅读。

Original Japanese title:DENCHI GA OKOSU ENERGY KAKUMEI
ISBN:978-4-14-910973-2
Copyright © 2017 Yoshino Akira.
All rights reserved.
Original Japanese edition published by NHK Publishing, Inc.
Simplified Chinese translation rights arranged with NHK Publishing, Inc. through The English Agency(Japan) Ltd. and Qiantaiyang Cultural Development(Beijing) Co., Ltd.

北京市版权局著作权合同登记号：01-2024-0565

图书在版编目（CIP）数据

电池引发的能源革命/（日）吉野彰著；张涛，刘喜正译.—北京：化学工业出版社，2024.5（2025.4 重印
ISBN 978-7-122-45278-8

I.①电… Ⅱ.①吉…②张…③刘… Ⅲ.①电池-历史 Ⅳ.①TM911

中国国家版本馆CIP数据核字（2024）第057400号

责任编辑：成荣霞　　　　　　　　　文字编辑：毕梅芳　师明远
责任校对：李雨函　　　　　　　　　装帧设计：尹琳琳

出版发行　化学工业出版社
　　　　　（北京市东城区青年湖南街13号　邮政编码100011）
印　　装　中煤（北京）印务有限公司
880mm×1230mm　1/32印张5³/₄　字数91千字　彩插2
2025年4月北京第1版第2次印刷

购书咨询：010-64518888　　　　　售后服务：010-64518899
网　　址：http://www.cip.com.cn
凡购买本书，如有缺损质量问题，本社销售中心负责调换。

定　　价：88.00元　　　　　　　　　　版权所有　违者必究

2019年10月9日，瑞典皇家科学院宣布，将诺贝尔化学奖授予来自美国的科学家约翰·古迪纳夫、斯坦利·惠廷厄姆和日本科学家吉野彰，以表彰他们在锂离子电池的发展中作出的贡献，为人类进入一个可充电的世界奠定了基础。

与此同时，日本NHK出版社决定紧急增印《电池引发的能源革命》一书。这本书的作者正是此次获奖的日本科学家吉野彰，时任日本东京旭化成株式会社名誉研究员、名古屋名城大学研究生院理工学研究科教授。

《电池引发的能源革命》内容源自吉野彰教授受日本公共广播电视机构NHK的邀请，于每周五晚上8点半至9点播出的文化类广播节目。由诺贝尔奖获得者以广播的形式，亲口讲述获奖内容的来龙去脉，在历史上可能也是凤毛麟角了。

由于是来自面向大众的广播，因此该书具有三个鲜明的特点：亲和性、趣味性和前瞻性。

所谓的亲和性，一方面是讲述的口语化，读者仿佛和吉野教授相对而坐，听其娓娓道来。在翻译过程中也尽可能保留了这种口语特色。另一方面是内容的科普化，无论是前三章对于电池的构造和历史的讲述，还是第4至第10章对于锂离子电池开发秘闻和产业化道路的剖析，都浅显易懂而又发人深省。

所谓的趣味性，吉野彰教授讲述了锂离子电池产业化过程中前所未闻的一些事情。例如：锂离子电池研发所经历的三个阶段——探索研究、开发研究、事业研究，其中探索研究阶段的种子居然萌芽于另外两位诺贝尔奖获得者的成就，分别是福井谦一的"前线轨道理论"和白川英树的"导电高分子材料"。吉野彰教授还谈到了一段有趣的回忆：因为使用了一种高性能黏结剂，居然接受了警视厅的协助调查。

所谓的前瞻性，该书从锂离子电池产业化所经历的为满足QCD（质量、成本和交付）标准的努力，以及跨越三个重要的关口（"魔鬼之河""死亡之谷"和"达尔文之海"）的艰难历程出发，展望了锂离子电池所面临的下一个重大使命：从IT（信息技术）社会到ET（能源与环境技术）革命。二次电池、电源集成电路和人工智能（AI）将引领无人驾驶智能汽车和物联网（IoT）的飞跃式发展。

《电池引发的能源革命》共13章，第1至第6章以及第13章由中国科学院上海硅酸盐研究所张涛研究员翻译，第7至第12章由天津理工大学刘喜正教授翻译。二人曾经在日本国立产业技术综合研究所共同从事新能源材料与技术的研究，结下了深厚情谊，此次通力合作完成了本书的翻译。本书的汇总及核校由张涛研究员带领中国科学院上海硅酸盐研究所电化学储能材料与器件课题组的成员共同完成，在此对所有参与者表示感谢。

由于译者水平有限，书中如有不足或有待进一步讨论和改进之处，恳请广大读者批评指正。

译者

电池是与我们日常生活密切相关、不可或缺的产品。特别是充电后可以反复使用的二次电池，更是在当今社会的几乎每个场合中都扮演着重要的角色。而二次电池中，近些年最受关注的话题就是锂离子电池。

本书在对电池的种类、原理及构造，以及电池的历史作简要说明之后，还就锂离子电池的开发过程作了陈述。

锂离子电池的开发是怎样开始的，在制作出原型电池的过程中又发生了哪些事情，从制出原型电池到实现产业化的过程中又发生了哪些事，从实现产业化到真正立足于市场，其间又经历了怎样的艰辛，我将结合当时的时代背景来进行讲述。

锂离子电池的发展，与从1995年左右开始的"IT（信息技术）革命"有着很大的关系。以小型化、轻量化为特征的锂离子电池推动了移动电话、智能手机、笔记本电脑等IT产品的普及，为当代移动IT社会的实现作出了巨大的贡献。同时，一路走来的锂离子电池正迎接着下一个新时代的到来。

如今世界上正发生着巨大的变革，可以称之为"ET（能源与环境技术）革命"，这是面对资源、环境、能源这些人类共同的重大课题，也是要找出其解决对策的变革。引领潮流的汽车正向着电动化发展，而锂离子电池在这一"ET革命"中所扮演的角色毫无疑问将更加重要。

最后，我想和大家说一下关于由"ET革命"引领的未来汽车社会以及ET社会的面貌，这完全是我个人的一些拙见。

吉野彰

目录

第 1 章

从移动电话到汽车

何谓锂离子电池

　　人类获得电池这件工具并非是近年的事，需要追溯到年代久远的纪元前。在位于巴格达近郊的美索不达米亚时代的遗迹中，就曾挖掘出疑似电池的物品，但可惜的是我们无从知晓当时的人们是出于何种目的来使用它的。

　　而我们现在日常生活中所使用的电池的原型则发明于18世纪末之后，虽没有纪元前那么久远，但也可以说是拥有很长历史的技术了。在这拥有长久历史的电池家族中，最新的一员便是本书的主题——锂离子电池。在介绍它的具体用途之前，我先给大家简单说一下锂离子电池是一种什么样的电池。

　　如今世界上已实用化的电池大多可被分为如表1-1所示的4个种类。

　　其中的一种分类方法是按一次电池和二次电池来区分。所谓一次电池，就是指用完以后无法再次使用的一次性电池。大家想象一下我们经常使用的一次性干电池应该就能理解了。与之相对的二次电池，则指的是用完之后通过充电即可再次使用的电池。随着移动电话的面市，人们在家中为电池充电的场景也变得十分常见，诸如此类"充电后

表1-1 电池的分类

电解液 使用性质	水系电解液	非水系有机电解液 (高能量、高容量、高电压)
一次电池 (不能二次使用)	锰干电池 碱性干电池	金属锂电池
二次电池 (充电可再次使用)	铅酸电池 镍镉电池 镍氢电池	锂离子电池 (lithium ion battery, LIB)

能再次使用"的电池就是二次电池。

另一种分类方法是按电解液来区分。电解液是电池提供电流所必需的材料,电解液中的离子作为电荷的载体传输从而产生导电性,关于这方面的构造,我之后会进行详细的解说。在这里请大家记住电解液的存在是非常重要的。

自始以来的大部分电池都是用水来作为电解液的溶剂,于是被称为水系电解液。上文中提到的干电池就使用了水系电解液,因此干电池的类型属于水系一次电池。同时也有使用了水系电解液并且可以充电的二次电池,像铅酸电池、镍镉电池、镍氢电池等都属于水系二次电池。

之所以使用水,是因为水能很好地将盐溶解,溶解后的离子能快速移动,所以水作为电解液的溶剂是十分理想的。但同时,水系电解液也有着致命的缺陷。水在电压超过约1.5 V（伏特）时就会电解为氢气与氧气。

为什么说这是致命的缺陷呢？因为这会成为电池小型化与轻量化的绊脚石。要实现小型化、轻量化，就需要电池有较高的电动势（电压），而使用水作为电解液的话，电压就无法大于1.5 V，因此使用水系电解液的电池，其在小型化、轻量化方面的发展是受限的。

科研人员为解决这个问题提出了使用非水系有机电解液的方案。采用非水有机溶剂作为电解液的电池可承受高达5 V的电压。

这种使用非水系电解液的电池最初实现实用化是在20世纪70年代初期，人们研发出了以金属锂作为负极材料、电压约3 V的一次性电池，从而实现了一次电池的小型化、轻量化。

但是，真正的挑战在于二次电池。虽然以小型、轻量为目标对非水系二次电池的研究开发进行得如火如荼，但是其商品化过程是极其困难的。而最终越过重重障碍成功实现商品化的就是锂离子电池，它的工作电压3倍于历代水系电池，达到了4 V以上。

为了使大家更好地理解锂离子电池的特征及其优点，我先在这里简单地介绍一下锂离子电池的构造。

锂离子电池在专业上的定义是指"将碳素材料作为负极活性物质，将含有锂离子的过渡金属氧化物（钴酸锂等）作为正极活性物质制成的非水系电解液二次电池"。

可能大家觉得听上去很复杂，但其实不然。碳素材料主要是高温碳化材料，钴酸锂则是金属氧化物的一种，可以视其为一种陶瓷材料。锂离子电池就是将碳素材料作为负极（关于"活性物质"这个词，之后会再说明）、钴酸锂作为正极的非水系二次电池。

对于电池来说，正极材料和负极材料的组成是最基本的要素。锂离子电池的一大特征就是将碳素材料用作负极材料。以往的干电池等电池中也有使用碳素材料的，但都只是将其作为具有导电功能的辅助材料，并不直接参与电池反应。而锂离子电池则是将碳素材料本身作为负极材料来发挥作用，就这一点而言，它是一种前所未有的新型电池。

锂离子电池另一个重要的技术是上文也提到过的，就是将含有锂离子的过渡金属氧化物（钴酸锂等）作为正极材料这一点。正如我之前所说的，正极中含有的锂离子承担了运输电荷这一重要作用，因此含有锂离子这一条件是十分重要的。正因为使用了含有锂离子的过渡金属氧化物来作为正极，才使得电池达到4 V以上的电压成为可能。

锂离子电池工作时的构造参照图1-1。电池中左侧为正极，右侧为负极。

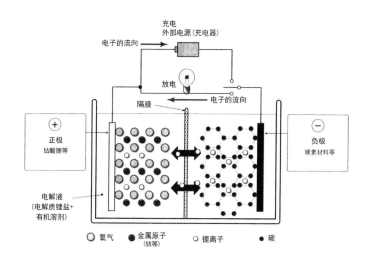

图1-1　锂离子电池的结构

电池在充电时，正极中所含的锂离子会进入负极碳素材料中（离子进入材料的过程称为"层间嵌入反应"）。相反，放电时锂离子会从负极碳素材料中离开（离开的过程称为"层间脱出反应")。这种锂离子的运动促成了电子的流动。

由此可见,其中最为重要的一点是,锂离子电池中发生的并非化学反应,而仅仅是锂离子的嵌入和脱出反应。

以往的电池在产生电流的同时都会伴有化学反应,具体的构造将在第3章作出说明,它们由化学反应产生电流,因此被称为"化学电池"(除此之外还有"物理电池")。

然而用于电池的化学反应在产生电流的同时,也会引起不良现象。这被称为"副反应",是循环寿命(可重复充电、放电的次数)缩短的原因。

锂离子电池在原理上属于化学电池的一种,但在产生电流时并没有化学反应发生。这是锂离子电池的一大特征,其在进行反复充电与放电的过程中不会产生由化学反应引起的副反应,因此可以大幅度延长电池的循环寿命。

同时,在锂离子电池中发挥作用的并非化学活性高的金属锂,而是稳定的锂离子,因此其安全性也有了飞跃性的提高。

综合以上锂离子电池的特征,可以概括如下:

① 小型、轻量;

② 4 V以上的高电压;

③ 可进行大电流放电;

④ 优越的循环寿命;

⑤ 实用级的安全性。

其中最重要的就是特征①的小型、轻量,那究竟有多小多轻呢?我们来和其他电池比较一下。

所谓小型是指"储存相同电能所需的必要体积较小",这可以用"体积能量密度"[1升体积的电池所能储存的电能。单位为W·h/L(瓦·时/升)]来表示。所谓轻量是指"储存相同电能所需的必要质量较小",这里用1千克质量的电池所能储存的电能即"质量能量密度"[单位为W·h/kg(瓦·时/千克)]来表示。锂离子电池的体积能量密度和质量能量密度与其他电池的对比,如图1-2所示。

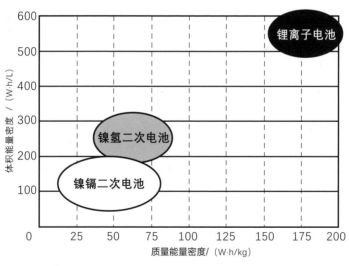

图1-2 二次电池能量密度对比

无论是锂离子电池的体积能量密度还是质量能量密度，都达到了以前的水系电解液电池如镍镉电池、镍氢电池的约3倍。

此外，就特征②的高电压来说，与水系电解液电池的1.2 V相比，锂离子电池的电压高于4 V，达到了3倍以上。

锂离子的这种高电压特征在各个用途领域中都展现出了很大的优势。

例如，移动电话或智能手机在做电源设计时，使用锂离子电池的话只需1节电池，而使用只有1.2 V电压的镍镉电池或镍氢电池的话则需要设计成3~4节电池串联。在电源设计时只需考虑1节电池的排布，这是个极大的优点。

由此可见，锂离子电池是一种性能非常优异的电池，但也并不是说把所有的电池全都换成锂离子电池就可以一劳永逸了，不同的电池都各有其优点与适用方法。

首先，就一次电池与二次电池来说，一次电池售价较为便宜并且不需要充电器，这是它的优点。而二次电池通过充电可以多次重复使用，虽然其售价较贵，但如果用在电能消耗较多，也就是说充电频率较高的设备上，那么放电一次所需的费用相比一次电池就要更便宜些。

因此，在一个放电周期内就可以工作较长时间（工作电流小，可长时间使用），比如手表之类的电源就会用到一次电池。反过来，放电一次持续时间较短（工作电流较大，短时间内用完），比如移动电话这类的设备则选择二次电池。大概的标准为，一次放电可持续工作超过100小时的情况使用一次电池，持续工作时间在10小时以内的则适合采用二次电池。

同样，水系电解液电池与非水系电解液电池也是如此。非水系电解液电池的特征是小型、轻量，如果对小型、轻量并没有要求，就可使用相对便宜的水系电解液电池。现有的电池就是这样分栖共存、灵活运用的。

锂离子电池是非水系电解液电池中的二次电池，因此面向的是追求小型、轻量，并且放电一次可工作时间较短的产品。那么，追求小型、轻量的产品是什么呢？我想大多数人脑海中所浮现的应该是移动电话或智能手机之类的设备。

事实上，在移动电话的进化与普及上，锂离子电池是作出了巨大贡献的。当然不光有锂离子电池，也有其他各种各样零部件及技术的进步的功劳，而锂离子电池在其中担当的作用绝对不容小觑。

1985年，市面上出现了可以说是移动电话的原点的通信机器。人们称之为肩式电话，顾名思义，是一种挂在肩膀上的移动电话。虽说是移动电话，但其实是将原本固定安装在汽车上的电话机勉强改为可携带式的，重达3千克。

而真正与现在的移动电话相同的超小型移动电话的面市是在1991年，当时NTT公司（日本电报电话公司，现在的NTT DoCoMo）发售了一款名为Mova的超小型移动电话，这就是第一代移动电话（1G），当时主要使用的是镍氢电池，只有极少数搭载了当时刚刚面市的锂离子电池。

这种第一代移动电话采用的是模拟信号，IC电路（集成电路）的驱动电压为5.5 V。也就是说，用1.2 V的镍氢电池的话必须5节串联。而锂离子电池由于电动势为4.2V，因此只需要放置2节就可以。光从这一点来说自然是锂离子电池更为有利，但因涉及成本等问题，短时间内还是镍氢电池和锂离子电池两者并用的。

这种状况发生较大改变，是在移动电话向第二代（2G）过渡的时候。第二代从模拟信号转为了数字信号，与此同时，IC电路的驱动电压从5.5V变为低压化的3V。3V的话用镍氢电池仍需要3节排列，但锂离子电池只需要1节就可以了。电源设计时只需要考虑1节电池是个非常大的优点，以此为契机移动电话全部改为了使用锂离子电池，这使得移动电话自身也开始朝着小型化、轻量化的方向迅速发展。

而后移动电话又发展到了第三代（3G），智能手机也随之登场，其中拥有4.2V高电动势的锂离子电池为数码设备的进化与普及作出了怎样的贡献，我想这是显而易见的。

到了2016年，仅在小型民生用途上，锂离子电池的年产量和销售量就达到了约40亿节。其中使用量最多的产品，自然是包括智能手机在内的移动电话，约消耗18亿节电池，而笔记本电脑以及平板电脑、游戏机、智能穿戴设备、数码相机等产品紧随其后。

这些伴随着20世纪末开始的IT革命而迅速普及的产品，它们所需要的电池特性与锂离子电池的特性可谓是不谋而合。并且这些产品似乎在一夜之间进入了人们的生活，使人们的生活方式发生了巨大的改变，现在几乎已经到了没有这些产品就无法生活的地步，因此我们应该能够很好地理解锂离子电池备受关注的原因了吧。

改变着汽车的锂离子电池

而今，一路走来的锂离子电池正迎接着新的舞台。

自锂离子电池商品化以后，在移动电话及笔记本电脑等小型民生用途领域中已经积累了20多年的市场实绩，并且在此期间又进一步实现了性能、可靠性的提升和价格的降低。

以这样的市场实绩为背景，锂离子电池开始了在车载用途领域的开拓。

说起汽车和电力人们就会想到"纯电动汽车"，但并不止于此。纯电动汽车是指仅以电力作为动力源的汽车，而众所周知，市面上还有汽油与电力并用的混合动力汽车存在。因此希望大家在理解"车载用途领域"时，能将混合动力汽车也包含在内。

将锂离子电池这样的二次电池作为动力源来使用的汽车，分为以下三种。

① 混合动力汽车（hybrid electric vehicle，HEV）：

这是以发动机为主要动力来源，以电池驱动电机在启动时辅助、在制动时进行能量回收的汽车。减速过程中的能量回收，是指减速时将电机用作发电机，将动能转换为电能，由此产生的电力可以对二次电池进行充电，因此车辆实现了燃油效率的改善。

因为这一类型的汽车搭载的电池容量较小，所以可在EV（纯电）状态行驶（不使用发动机仅用电机行驶）的距离较短，只有数公里，且无法从外部进行充电。1997年丰田汽车发售的PRIUS、1999年本田技研工业发售的Insight等，就是此种车型的代表。

② 插电式混合动力汽车（plug-in hybrid electric vehicle，PHEV）：

它也是混合动力汽车的一种，但搭载了容量更大的电池，EV行驶距离可延长至20~80公里，是以发动机驱动与EV驱动交替进行的电动汽车。其电池不仅可内部充电，也可外部充电，因此被称为插电式。2010年通用汽车发售的雪佛兰Volt、2012年三菱汽车发售的Outlander，就是其中的代表。

③ 纯电动汽车（battery electric vehicle，BEV）：

不搭载引擎，100%用电池与电机驱动行驶的纯电动汽车。2009年三菱汽车发售的i-MiEV、2010年日产汽车发售的LEAF，就是其中的代表。

在以上3种汽车中，混合动力汽车先后使用了镍氢电池与锂离子电池，插电式混合动力汽车与纯电动汽车则基本上全都采用了锂离子电池。

对于汽车废气排放的规定日渐严格，今后的汽车都将追求零排放（不排放二氧化碳）。在这一进程中，插电式混合动力汽车与纯电动汽车的重要性是不言而喻的。

相应地，对锂离子电池方面的期待也会越来越高，可以预见锂离子电池会继续使未来的汽车发生更大的改变。

第 2 章

电池的构造

什么是电流

接下来我要和大家聊的话题包含了开发锂离子电池的过程等内容，因此我们不可避免地要说到关于电池的构造。

我在上一章里已经提到过正极、负极，以及电解液等用语，原本是打算在偶尔提到的时候再作必要的最低限度的说明，但为了让大家能更好地理解，我想还是以完整的形式来对电池的构造作一次说明吧。所以这一章，我准备就"电池到底是个什么样的东西"这件事，和大家简单地谈一下。

首先，大家平时会很自然地说到"电流"这个词，那么这个"电流"到底是怎么流动的呢？流动的"电"又是什么呢？

我们说的是"电流"，但实际上在流动的，换言之在移动着的东西是电子。电子的流动产生了能量，然后这个能量能够使物体移动，或者产生热量。

众所周知，电子是带有负电荷的，而带有负电荷的物体，它的移动目标自然就是带正电荷的地方了，这是因为负电荷会被正电荷所吸引。也就是说所谓电流指的就是"带有负电荷的电子向带有正电荷的正极移动"。

看到这里可能有人会觉得有些不可思议，会想："咦？我记得小学的科学课程中教的是'电从正极流向负极'啊？"

事实上在明确电子的流动过程之前，的确是以"电从正极流向负极"来定义的。后来虽然确定了电子其实是由负极流向正极这个事实，但那时"电从正极流向负极"已经成为一个常识了。只不过说"电从正极流向负极"也并没什么不妥，于是就沿用了这个说法。但其实在提到电子的流动方向时，"由负极流向正极"这个说法才是正确的。

不过电子又是怎样移动的呢？电子和原子核一起构成原子，而根据原子状态的不同，或者原子和原子结合形成化合物时结合方式的不同，电子有时能够挣脱原子的束缚进行自由活动，它们被称为自由电子，而电能就是由这些自由电子的移动产生的。

电池是怎样构成的

接下来终于要正式进入电池的构造这个话题了，让我们先来整理一下前面所讲述的内容。

为了让"电子带有负电荷"这件事更通俗易懂，我之前一直用的是"负极"这个词（与之对应的词是"正极"）。但除此之外，还有"阴极"（与之对应的是"阳极"）等表示相同意思的词。在用词上各人有各人的喜好，我比较习惯用"负极""正极"，而且上一章的内容里也已经提到过"正极"和"负极"了，从这一章开始我就统一使用这两个词吧。

那么，让我们回到电池构造的话题。

这里我就以最基本的以铜为正极、锌为负极的电池来举例说明。

如图2-1，将铜板和锌板用导线连接起来插入稀硫酸中（这里的稀硫酸就是前一章稍微提到过的电解液）。这时，在正负极金属和电解液之间需要拥有某种关联，即"负极为易解离于电解液的金属材料，正极为不易解离于电解液的材料"。在这个例子里，锌易解离于稀硫酸，而铜则几乎不解离。

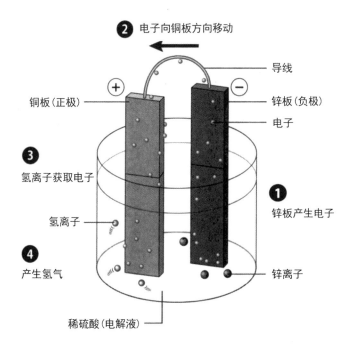

图 2-1　电池的构造
将铜板（正极）与锌板（负极）插入稀硫酸（电解液）中，用导线连接

那么，在稀硫酸中插入铜和锌后，会发生什么呢？

（1）锌金属解离于稀硫酸

　　锌解离于稀硫酸中后，溶入的锌就转变成了离子。所谓离子就是指"由于得到或失去电子所形成的带电荷的原子或者分子"，简单地说就是电子比原来的形态增加或减少了，而在图中这种情况下引发的是失去电子。也就是说解离在稀硫酸中的是电子减少了的锌离子（因为电子减少而带了正电荷的离子被称为阳离子，反之因电子增加而带负电荷的离子被称为阴离子）。

锌溶入稀硫酸后，其电子会减少，那这些失去的电子又去哪儿了呢？事实上电能正是由这些"失去的电子"发生移动而产生的。

（2）只有溶入的这一部分锌所提供的电子会向铜那一侧移动

溶入的这一部分锌离子造成了锌板上电子数量的增大，换句话说就是负电荷增加。而负电荷的增加就表示锌是负极。同时，由于铜几乎不解离于稀硫酸，因此铜板上的负电荷比锌板要少很多，所以铜这一侧就是正极。然后电子就通过导线，由负电荷较多的锌（负极）这一侧向负电荷较少的铜（正极）那一侧移动。

（3）在正极一侧产生消耗电子的反应

在作为电解液的稀硫酸里含有氢离子，而由负极的锌板向正极的铜板移动过来的电子会与这些氢离子发生反应。

由于这些氢离子也处于电子缺失的状态，因此当电子到达铜板后会与其结合，从而回到普通的氢或氢气的状态。

说到这里大家可能会有些疑惑。

稀硫酸中也含有由负极的锌解离所得到的锌离子，因为离子会在电解液中移动，所以正极附近理应也存在锌离子。那么大家是否会想，当电子移动到正极后，它们不就和这些锌离子结合，又重新变回锌了吗？

然而并非如此，电子只会与氢离子发生反应。这又是为什么呢？

事实上不同的物质，其"转变为离子的能力"是各有强弱的。氢的这种"转变为离子的能力"就要比锌弱一些，一旦有电子接近，它就会与其发生反应从而消失。我们称这种"是否容易转变为离子"的现象为"离子化倾向"。

虽然当电子移动过来时，正极一侧的负电荷会增加，但同时电子会迅速与氢离子反应而被消耗掉，因此正极一侧的负电荷会再次减少，而紧接着又有新的电子从负极移动过来，如此循环往复，就形成了持续的电流。

我想很多人会有这样一个印象，就是"电池中储满了电"，但事实上电池中所储存的只有可以发电的材料，通过这些材料在电池内部进行发电。

现在的电池，会将各种各样的物质用作正负极以及电解液，但它们的基本原理都是相同的。

　　但即使原理相同，电池的性能还是会随着使用材料的不同而产生很大的变化。因此，科学家们不断追求着更高的性能，从而开发出了各种型号的电池，而锂离子电池也是其中的一员。

　　说起性能，还有一件事需要先和大家说明，那就是关于电池的电动势和电压。

　　前面曾提到离子化倾向的话题，这个离子化倾向正是电池电动势的决定性因素。

　　请大家注意对锌–稀硫酸电池第2阶段的介绍，也就是上文第（2）点电子向铜移动的部分。

　　由于作为负极的锌易解离于稀硫酸（离子化倾向大），因此电子就会增加，也就是说负电荷会增大（表现为"电位低"）。相对地，作为正极的铜不易解离（离子化倾向小），因此基本不会增加电子数量，负电荷也就很少（这里表现为"电位高"）。

　　重点在于负极与正极的负电荷之差，也就是电位差。电位差小，移动的电子会减少，电位差大，移动的电子就会增多，而移动的电子多了，电压也就相应提高了。

　　也就是说，负极材料与正极材料间的离子化倾向差距越大（换言之易溶入程度的差距越大），获得的电动势越大。

一次性电池与可重复使用的电池

　　大家应该都已经知道，前面介绍过的电池是有使用寿命的。它们通过负极金属解离在电解液中产生多余的电子，如果负极金属全部解离完，就无法再提供新的电子了，也就是说无法再产生电流。

　　这就是上一章也介绍过的用完后就无法再使用的一次电池。同时还有一种充电后就能重复使用的二次电池，那么，电是怎么充进去的呢？

　　二次电池产生电力（与充电相对，我们称之为放电）的结构和一次电池没有很大区别，也是电子从负极移动到正极后与电解液中的离子反应并消耗，然后再次形成电子循环流动的过程。

　　前面举的例子是移动到正极的电子与氢离子反应生成氢气，为了更清楚地说明，我重新举一个与铜离子反应的例子（此种电池也是现实存在的），如图2-2所示。

　　电子与铜离子反应后生成金属铜（这称为"析出"），再加上原来就有的正极铜板中的铜，铜的量就变多了。电池中负极的锌因溶解于电解液而不断减少，但相反地正极的铜在不断增加，也就是说这个电池随着不断使用，负极

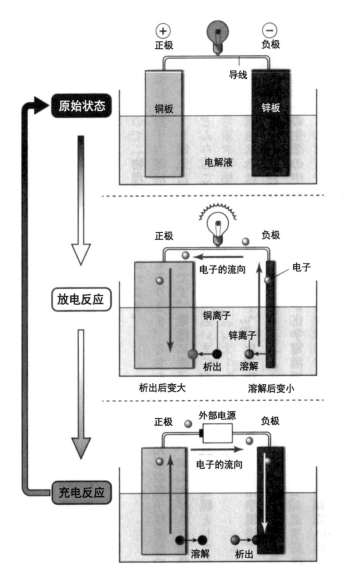

图 2-2 充电电池的结构

的锌会越来越少，相反正极的铜会越来越多，待负极的锌完全解离后就会结束放电反应，无法再进行放电。

其实充电就是一个与此相反的过程。所谓相反的过程，就是指电向相反方向流动，即电子从正极移动到负极。

电向相反方向移动后做了什么呢？答案是进行与放电过程相反的化学反应。也就是说，如图2-2所示，铜溶解于电解液后产生的电子从正极移动到负极，接着这些电子在负极与锌离子反应析出锌金属，于是就变成了铜逐渐减少而锌逐渐增多，最终回到和最初相同的状态，从而可以实现再次放电。

这个相反的化学反应过程并不是自发产生的，需要提供能够引起反应的能量，而这里用到的能量就是从外部电源导入的电能，因此，我们在给电器充电时需要将其插入电源插座来获得电能。

或许有人看到这里会想："负极的锌全都溶解完了的话，不就即使充电也无法恢复了吗？"但事实上，在负极物质完全溶解之前电解液就会变得稀薄从而电动势降低，因此负极物质并不会真的完全消失。并且通过充电，电解液的浓度也会恢复，就能回到最初那种可以放电的状态了。

原理完全不同的电池

至此，就如上一章所说的，我介绍过的电池都是通过物质的化学反应产生电能，所以被称为"化学电池"。

另外，也有着与其产生电力的原理完全不同的电池。其中最常见，且与我们生活息息相关的，就是太阳能电池。它是由太阳的光能直接转变为电，因使用了光能这种物理能源而被称为"物理电池"。

物理电池中还有原子能电池，它由放射性同位素的原子核蜕变后产生的能量来转化为电力。可能大家会觉得不可思议，电池居然要用到原子能？到底会在什么场合下使用呢？答案是用作宇宙探测器的电源。

这些物理电池有着各种各样不同的原理，但本书所要介绍的毕竟还是属于化学电池的锂离子电池，因此关于物理电池这里就不再深入探讨了。我的目的主要是希望大家能了解，在我们生活中使用到的电池大多为化学电池，而为了研发出更加便捷以及更高性能的化学电池，科学家们进行了各种各样的研究，并且仍在不懈努力中。

顺便说一下，作为新一代汽车动力电源而备受期待的燃料电池，也属于化学电池。

水通电后会分解成氢和氧，这称为水的电解，相信很多人在中小学的科学课程上都做过相关的实验。

　　燃料电池，就是由与这个电解化学反应相反的反应产生电力的。相反的反应是指"氢与氧结合产生水和电力"，FCV（燃料电池汽车）就是以此为动力来行驶的汽车。

　　大家现在应该已经了解了化学电池的原理，那么下一章我就来讲一下它的进化过程，也就是化学电池的历史。

第 3 章

电池的历史

世界上最早的电池

　　我在第一章中说过"从位于巴格达近郊的美索不达米亚时代的遗迹中挖掘出了世界上最早的电池",但更准确的说法应该是"疑似电池"的陶壶。当时确认了这个陶壶能产生微弱的电流,并且可以利用这个微弱的电流来镀金。所以有研究人员猜测或许当时人们在进行镀金时用的就是这个陶壶,但老实说我也不太清楚。

　　而和现代电池息息相关的化学电池的原型,是由意大利科学家、物理学家亚历山德罗·伏打在1800年发明的伏打电池。想必有人已经知道,作为电压单位的伏特就是由他的名字命名而来的。

　　事实上,我在上一章介绍的将铜和锌浸入稀硫酸来发电的装置,正是此处所说的伏打电池。

　　但是,这个伏打电池有几个缺陷。其中最令人困扰的,是电压会迅速下降的问题。

　　伏打电池的发电过程为,负极的锌解离于稀硫酸,由此生成的电子向正极移动,并与氢离子发生反应。而电子与氢离子反应后会产生氢气正是问题所在。在产生出来的氢气中,有一些并没有浮出水面,而是附着在了正极上,也就是铜的表面。当铜表面附着上氢气后，它与电解液的接触面积就会相应地变小。铜与电解液的接触面积变小意味着铜表面的电子与电解液中的氢离子接触的机会也会减少。也就是说，会减少电子与氢离子之间的反应。

更严重的是，氢比铜的离子化倾向更大，因此在铜和氢附着在一起的情况下，会形成一种以铜为正极、氢为负极的"局部电池"。从电池整体的角度来看，这是一种"电子由正极向负极逆流"的现象（称为极化现象），这种现象会导致电池的电压大幅下降。

除此之外，电池的寿命本身只有一小时左右，且作为电解液的稀硫酸是具有危险性的液体，等等，都是伏打电池存在的问题。虽然伏打电池展示出了电池的原理，但在实用性方面，它是存在疑问的。因此科学家们以更实用的电池为目标，开始尝试各种各样的改良性研究。

要解决伏打电池的首要问题——电压低下，就必须避免让氢气附着在铜的表面。为达到这个目的，最有效的方法就是让电子和除氢离子以外的其他离子进行反应。如果电子和非氢离子发生反应，那就能从根本上杜绝氢气的产生。

说到氢离子以外的能和电子发生反应的离子，在这种情况下最先考虑到的就是作为正极材料的铜离子了。如果将电解液由稀硫酸改为硫酸铜溶液，电子就会和比氢的离子化倾向更小的铜离子发生反应，从而解决了电子与氢离子反应所引发的问题。

那么是不是可以直接就这样将稀硫酸改为硫酸铜溶液呢？遗憾的是，事情没有这么简单，因为硫酸铜溶液不能和锌一起使用，所以单单将电解液替换成硫酸铜溶液是不可行的。那么，要怎么做才行呢？

解决了这个问题的是英国的约翰·弗雷德里克·丹尼尔。

他的解决办法说简单也简单，说大胆也是十分大胆。如果正极的铜和负极的锌所适合的电解液各不相同的话，那么正负极分别使用不同的电解液不就可以了吗？于是在1839年，丹尼尔研发了一种电池，使用硫酸铜溶液作为正极的电解液，硫酸锌溶液作为负极的电解液，并且为了不让两种溶液混在一起，用了陶制的容器将其分隔开（图3-1）。

用陶制的容器是有其原因的。电解液混在一起会产生诸多问题，但也不能将它们完全隔断，否则会产生一个断点，使得电池无法形成回路，电就无法持续流动。要让电池形成回路，电流动起来，就必须使作为电子运输员的离子能在电解液中不断往复。

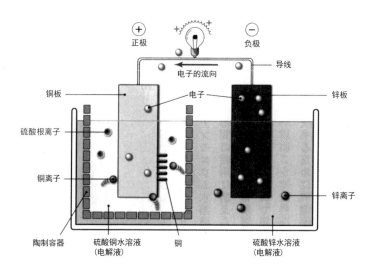

图 3-1　丹尼尔电池的原理
正极侧析出铜

陶制的容器实际上并不是完全密封的，它有许多密集的小孔。这些小孔不会让电解液混在一起，但是可以让离子穿过。具体来说就是让锌离子从负极移动到正极，硫酸根离子从正极移动到负极，从而形成回路，实现电池的功能。

丹尼尔电池的发明，使得电压稳定且实用的电池初次登上了世界的舞台。

我在上一章对充电过程进行解释的时候，列举了放电时从负极过来的电子在正极与铜离子反应的电池，丹尼尔电池正是该种构造的电池。但我在这里要先声明一下，丹尼尔电池是一次性电池，是不能充电的。

丹尼尔电池虽然使电池首次达到了实用级别，但它也存在着一定的缺陷。比如长时间使用后电压会下降，另外维护起来也很麻烦。

因此在1866年，法国的乔治·勒克朗谢制作了一种正极不用铜而用碳棒，并且用氯化铵水溶液作为电解液的电池。这种电池被称为勒克朗谢电池（图3-2），因其可以耐得住长时间的使用而被广泛应用于电信领域，但其仍具有改良的空间。作为该电池电解液的氯化铵水溶液，虽不是像硫酸那样危险的液体，但一旦泄漏也会造成金属部件的腐蚀。

为了解决液体泄漏的问题，科学家们研发了将电解液渗入纸张来使用，使其呈现非液体状态的电池。这就是为大家所熟知的干电池，而勒克朗谢电池则成为锰干电池的原型。

干电池的研究在19世纪80年代后半期开始盛行。

德国的卡尔·加斯纳被认为是世界上首次制作干电池的人。他在1887年获得了美国专利，翌年开始进行生产。但是，在加斯纳获得美国专利的1887年，日本的屋井先藏

图3-2　勒克朗谢电池

后来，人们制造出同样化学反应的干电池

就以勒克朗谢电池为原型制作了将电解液浸入布匹从而防止泄漏的干电池。

　　因此也有一种说法是屋井先藏的电池才是世界上最初的干电池，但遗憾的是并没有在世界范围内被承认。这是由于屋井的资金不足而没有及时获得专利，并且因为屋井在日本提出专利申请的时间是在1892年（图3-3），所以就连日本的第1号专利都没有取得（但是在100多年后的2014年，屋井在电池发展上的重大贡献终于被美国电气电子工程师学会所承认）。

　　另外还有一种说法是，丹麦的赫勒森早在加斯纳和屋井之前就制作出了干电池（赫勒森取得专利的时间是1888

年）。但不管怎样，世界各地的科学家们都在努力开发既方便携带又安全的电池（干电池）这个事实是毋庸置疑的。

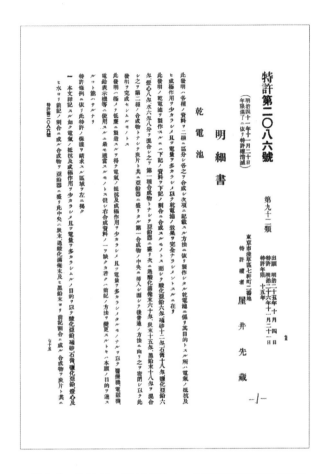

图 3-3　1893 年，屋井先藏在上一年申请的专利被正式登记
资料提供：电池工业会

那么，我们所熟知的干电池有锰电池和碱性电池，这

里的锰和碱又是指什么呢？

锰电池是由碳棒作为正极，锌作为负极的电池。正极的碳并不参与为产生电而发生的化学反应，发生化学反应并进行电子交换的相关物质称为"活性物质"，而锰电池使用了二氧化锰作为正极的活性物质。这里作为活性物质的二氧化锰正是锰电池的命名由来。

那么，是不是碱性电池就是由碱替代了二氧化锰的作用呢？并不是这样的。碱性电池的正式名称（在日本工业标准JIS中的名称）是碱性锰电池。与锰电池并无不同，它的正极材料也是碳棒，正极活性物质也是二氧化锰，负极材料也是锌。但是，它的电解液使用了碱性的氢氧化钾水溶液，因此以"碱"这个词来命名（一般用作锰电池电解液的氯化锌水溶液是酸性的）。此外，各种材料的用量与形状以及电池的构造等，锰电池和碱性电池都各有不同。

锂电池的登场

　　现在几乎所有一次电池都是干电池，除了最普通的圆柱形以外，还涌现了扣式、硬币形等形状各异的干电池（图3-4）。另外，除了锰干电池和碱性干电池以外，也诞生过如镍干电池、氧化硅干电池、氧化银干电池、氧化汞干电池等不同种类的电池。只不过除了手表用的氧化银干电池外，其余都已经停止生产了。

　　锂电池就是在这样的背景下登场的。锂电池是使用了金属锂作为负极的一次性干电池，虽然和本书主题锂离子电池不是同一个东西，但它在高性能的基础上又有小型、轻量化的特点，被广泛应用于遥控器或时钟等小型电子设备（图3-4）。

图3-4　锂电池

从圆柱形到硬币形，根据使用目的的不同而且有各式各样的形状

锂电池的负极统一使用金属锂，而正极则会使用二氧化锰、氟化石墨、亚硫酰氯、氧化铜等各种不同的材料。其中最为普遍的是使用二氧化锰作为正极的二氧化锰锂电池。

　　锂电池最大的特点是电压高，可以达到3 V，约是锰电池和碱性电池的2倍。锂在所有金属中离子化倾向是最大的，如在上一章曾简单地对离子化倾向作了说明，离子化倾向大，金属就能大量解离于电解液中，从而释放相应数量的电子。也就是说负极与正极的电位差较大，就能获得较高的电压。

　　另外，锂也是质量最轻的金属，单位质量的能量密度自然就大了。再加上干电池在没有使用（没有与电子设备连接）的时候也会有自放电的现象，而锂电池的自放电较少，因此寿命较长，这也可以说是它的一大优点吧。

二次电池的进化

前面我们主要回顾的是一次电池的发展历史，而通过充电可以反复使用的蓄电池（二次电池）的开发也是从很早以前就开始了。

最早发明蓄电池的是法国的一个叫加斯顿·普兰特的人。他以二氧化铅为正极、铅为负极、稀硫酸为电解液制作出了蓄电池，它的发明时间是1859年，比作为干电池原型的勒克朗谢电池更古老。而这种更古老的蓄电池，如今仍是被使用得最多的蓄电池。

当我们听到"蓄电池"这个词时脑海里会浮现出什么样的电池呢？恐怕大多数人脑海里浮现出的是车用电池吧？从发动引擎开始，前照灯、刹车灯、导航系统、电动升降车窗等车辆中需要用到电能的地方都是靠电池来获得电力的，而这正是铅酸蓄电池。

将铅酸蓄电池作为车用电池使用的历史能够如此悠久，或许是作为原材料的铅价格低廉，并且对其作了精细改良后又提高了产品可靠性的原因吧。虽然铅酸蓄电池又大又重，但用在车辆上时无须人力来搬运，对体积和重量的要求也就没那么高了。

紧随铅酸蓄电池之后投入使用的是镍镉蓄电池,它将镉作为负极活性物质,氧化镍作为正极活性物质,由瑞典的尤格尔在1899年发明。

　　镍镉电池的电压虽比铅酸蓄电池要低,差不多与干电池相同,在1.2 V左右,但它具有重量轻的特点。无论是体积基数还是重量基数、能量密度都是铅酸蓄电池的约2倍。也正因为如此,它主要用于火箭和人造卫星等宇航用途。

　　但这种镍镉电池有个缺点,就是在充电时内部会产生气体从而使内压上升,最终可能会导致容器破裂。但1948年,法国的诺依曼找到了解决办法,实现了镍镉电池的一般实用化,可以作为电动工具、摄像机、电脑等的电源来使用。

　　到了20世纪80年代,在宇航用途上出现了镍镉电池的替代品,即将镍镉电池的负极替换为储氢合金的镍氢电池。1990年日本的松下电池工业与三洋电机相继对其进行了量产。

　　镍氢电池的电压和镍镉电池差不多都是1.2 V,但能量密度比镍镉电池又高出了2倍以上,并且因为不含镉之类的有害物质,所以在环境保护方面也有着很好的优势,因此迅速普及开来。原先使用镍镉电池的电动工具和电脑等产品都将电池替换为了镍氢电池,除此之外它还逐渐替代了干电池，并实现了混合动力汽车的搭载等。世界上最早量产的混合动力汽车丰田普锐斯也使用了镍氢电池（图3-5）。

图 3-5　铅酸蓄电池（左）、智能手机用锂离子电池（中）、
镍氢电池及其充电器（右）

追求"高性能"的二次电池

　　至此，我们走马观花地回顾了电池的历史，以及有哪些电池已经被制造出来。

　　其中，将离子化倾向最强的金属锂作为负极的锂电池，在电动势（电压）及能量密度等方面都有着很突出的表现。但锂电池是一次电池，也许大家都会想，如果有这样高性能又小型轻量的二次电池那就更方便了。

　　实际上的确有人做过使用金属锂的二次电池，但因存在安全性等方面的问题，所以并没有将其实用化。

　　科学家们追求的是新型的二次电池，而我所研制的这种新型二次电池，正是本书的主题——锂离子电池。

　　在锂离子电池实际开发过程中所发生的小插曲，以及我在这项开发中的所思所感等，都会在接下来的章节中与大家分享。

第 4 章

锂离子电池开发秘闻 1
能够导电的塑料

1972年，我入职旭化成公司，随后被分配到位于神奈川县川崎市的研究所，在那里我的职责是找出研制新产品所需要的"种子"（SEEDS，可以成为技术基础的新事物）。这项工作被称为"探索研究"。

成功研发新产品并实现其产业化，这中间需要经过三个阶段。第一阶段就是探索研究。"找出SEEDS"这个说法听起来有些抽象，再具体一点地说，就是要找出迄今为止没被发现过的新物质和新的化学反应，或者找出可以引起新现象的各种素材的搭配方法等，这些事物将作为"种子"，用来进行新产品的培育。

当然，也不是随便说一句"找个什么新的东西"就能找出来的，并且研究的最终目的是研制出新产品，因此也就需要考虑到"需求"（NEEDS，社会对于新技术、新产品的需求）。

探索研究就是对那些引起我兴趣的物质或技术进行调研，看它们是否能成为可制出符合社会NEEDS的新产品的SEEDS，这基本上是一项只能独自完成的孤独的工作，并且通常需要大约两年的时间来考查、评估研究成果。再根据这两年间的成果来决定是继续进行后续研究，还是转换研究方向，抑或直接放弃。

如果探索研究的成果有幸被认可，那么研究就可以进入第二阶段"开发研究"。

开发研究就是对探索研究中找出的技术进行进一步研究，以使其与NEEDS相吻合。

探索研究的完成，意味着我的判断结果是：SEEDS和NEEDS相吻合的可能性很高。而能让它们真正结合在一起成为新产品的，就是这个称为"开发研究"的阶段。然而即使SEEDS和NEEDS看起来能够结合在一起，也并非直接就能制成产品，其中还会产生各种各样条件或技术上的问题。为了实现产品化，我们有必要将这些问题一个个地解决掉。

另外，我们不光要考虑技术上的问题。公司一定需要靠新产品来获得利益，因此还必须对其生产成本和产能进行验证。

通过开发研究使SEEDS和NEEDS相结合，也就是说由新技术研制出符合社会需求的新产品，并且在生产成本上也具备商品化的条件后，才可以实现产品化、产业化，可以着手建设工厂，进行产品的生产。

但即便如此，也不能说研究开发就此完成了，而是自此过渡到了第三阶段"事业研究"。

一言以蔽之，事业研究阶段所做的工作，都是为了建立市场。因为即使工厂开始运作，生产出了产品，也不是马上就能卖出去的，必须让人们知道新产品的意义、便利性及其使用方法等。至此，市场才算真正建立起来了。

待探索研究、开发研究、事业研究三个阶段全部完成后，研究开发工作才能算是真正获得成功。

研究开发并不是一件简单的事。研究开发工作就好比将称为SEEDS的线穿入称为NEEDS的针孔。这样听起来好像没什么大不了，但困难在于，无论是NEEDS还是SEEDS，都不总是以同样的形态出现的。

只要条件有一点点的变化，SEEDS形态和性质就会发生很大的改变。另外，NEEDS也是随着社会状况的变化而瞬息万变的。当SEEDS终于达到了所追求的形态时，NEEDS却已发生了改变，于是SEEDS和NEEDS又不相吻合了。于是为了重新与新的NEEDS相吻合，只得再把SEEDS改变为其他形态，类似的情况已经屡见不鲜。

所以，研究开发就不仅仅是将线穿过针孔这么简单了。这种总是在运动变化着的状态，可以比喻为要一边坐着过山车一边将手里的线穿过针孔，困难程度可见一斑。

以锂离子电池为目标

锂离子电池也是经过了这三个研究开发阶段后实现产业化的，事实上这对我来说已经是第4次探索研究了。也就是说在此之前我的探索研究失败过3次。

我最开始着手进行探索研究的课题是"安全玻璃用中间膜"。

当时，我所在的研究所研发了一种新的塑料，我将这项技术作为SEEDS，想将其与"和玻璃有更高黏合度、适用于汽车的安全玻璃中间膜"这个NEEDS进行结合。所谓安全玻璃，就是指在两块玻璃中间夹一层树脂。汽车的挡风玻璃用的就是安全玻璃，即使破裂了玻璃碎片也不会到处乱飞。我所进行的研究就是调研公司研发的新型塑料是否可以作为其中间夹的那层树脂来使用。但遗憾的是经过两年的研究还是失败了，原因是SEEDS的性能不足，导致未能完成。

我重新振作后开始了新的研究课题——"阻燃性高隔热材料"，我想开发一种隔热性能优异的阻燃性无机泡沫材料，来应对当时社会中高涨的"节能"这项需求。然而两年的时间过去，这项研究也以失败告终。原因是虽然节能这个NEEDS把握得没错，但关键的SEEDS却没能跟上。

我从这两次失败中学到的是，除非SEEDS扎实，否则研究是行不通的。

不断的失败不禁令我生出了些厌烦的情绪，但我还是开始埋头于第3次的探索研究，主题是"利用单线态氧的新系统"。单线态氧这个词听起来有些陌生，其实就是指氧分子存在的一种状态。

空气中的氧气通常以一种叫作三线态氧的状态存在，而将氧气用特殊的染料和可见光进行活化后，就会变成单线态氧。这种单线态氧就是通常所说的活性氧的一种，虽然其寿命很短，但具有非常高的活性。我这项课题的目的就是研究开发一种利用这种活性来进行杀菌、防污、净水等工作的新系统。这项探索研究在第二年的考查中得到了似乎可行的评价，于是得以继续进行。

然而在第四年的时候，这项研究还是惨遭滑铁卢。虽然着眼于单线态氧这个独创的SEEDS是个很好的想法，但由于我过于偏重SEEDS，在NEEDS尚未明确的情况下依然继续进行研究，最终只能迎来失败的结局。

我再一次深刻地体会到了将SEEDS和NEEDS相结合的困难。SEEDS不够好就不能顺利地开展研究，但即使有优异的SEEDS，NEEDS不明确也是不行的。

在经历反复的失败后，我的第4次探索研究的主题与锂离子电池产生了关联。这是在1981年我33岁的时候。

不过说起来，当时我提议的并不是开发新型二次电池，而是"导电高分子材料的研究"。高分子是指由以万为单位的许多原子构成的巨大分子，塑料等材料就是这种高分子化合物。高分子通常不能导电（塑料一般不导电），但其中也有能导电的物质，那就是导电高分子。

受两位诺贝尔奖获得者的启发

我会注意到导电高分子，与两位诺贝尔奖获得者有着莫大的关系。一位是日本首位获得诺贝尔奖的福井谦一。巧合的是，福井获奖的那年正好是我开始进行第4次研究的1981年，得奖的是一种叫作"前线轨道理论"的全新理论。

前线轨道理论是指"用计算机来计算构成物质的分子所拥有的电子运动轨迹，以预测物质的特性或化学反应的理论"。

原本化学这门学科，做实验是不可或缺的。比如想要知道两种物质混合后会变成什么样，就必须通过实验操作来确认会发生何种反应。但如果能像福井的前线轨道理论这样通过计算来预测反应性及物性的话，就可以不必做费时费钱的实验，也能找出有用的物质及特性了。

这是一项革命性的发明，而通过前线轨道理论能预测的事物中的一项，就是即便本来是绝缘体的塑料，也可以因分子构造的不同而成为能导电的物质。

与此同时，有一种材料在化学和物理界引起了广泛的关注，那就是塑料中的一种——聚乙炔。聚乙炔是以带有金属光泽为特征的一种塑料材质，添加少量杂质后可产生电子导电性。世界上首次发现这一特性的，是后来于2000年获得诺贝尔化学奖的白川英树。

白川用乙炔（可燃气体中拥有最高火焰温度的气体，可用于焊接作业）的薄膜聚合法这一特殊的方法，合成了聚乙炔。福井在前线轨道理论中所预测的导电性高分子，在他的实验中被证明了。

说句题外话，聚乙炔的合成是极具偶然性的。在白川向合成聚乙炔发起挑战的时候，某个留学生在聚合时搞错了催化剂的单位，使用了1000倍浓度的催化剂。然而，这个失误却促成了合成的成功。白川认为当时做出来的破破烂烂的膜很有可能就是聚乙炔薄膜，于是他进一步增加了催化剂的浓度，终于成功地合成了聚乙炔。

像这样以小小的偶然事件为契机，能从中得到灵感并抓住幸运的能力称为机缘巧合（serendipity），这个插曲便作为"机缘巧合"的代表性事例而广为人知。

在这之后，我自己在锂离子电池的开发过程中，也同样经历了机缘巧合事件。关于那件事，在介绍锂离子电池的开发的时候我再和大家讲述。

我们继续说回聚乙炔，它与普通塑料有何不同呢？为什么它能够导电呢？

说起与我们最切身相关的塑料制品，当属超市购物袋所用的聚乙烯了。聚乙烯是电气绝缘性材料，它完全不导电。其结构式如图4-1所示。原子与原子间的直线是指由电子将原子结合在一起，这种结合是在两端的原子中各取出一个电子，称为单键。聚乙炔的结构式如图4-2所示。骨架基本和聚乙烯相同，但是聚乙炔少了一个氢原子，并且结合的方法也和聚乙烯稍有不同，有的原子间是由两根线联结而成的。这种由2根线联结成的结合，是由两端的原子各取出两个电子所形成的，称为双键。

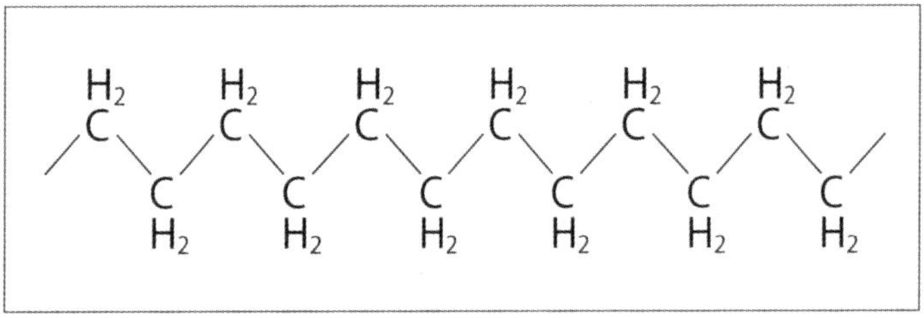

图4-1　聚乙烯结构式

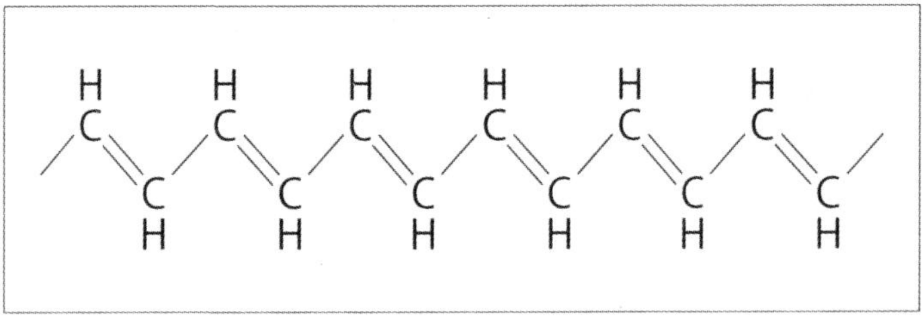

图4-2　聚乙炔结构式

在聚乙炔的结构式里可以看到，双键是间隔排列的。用专业术语来说叫作共轭双键，这种构造对于是否能够导电具有很大影响。

在共轭双键结构中，有着相对不稳定的较弱的键。专业术语中，较强的键称为 σ 键，较弱的键称为 π 键。π 键上的电子较易移动，而电子容易移动，就表明其拥有导电的可能性。

与此相对，聚乙烯仅由单键组成。单键全都是较强的 σ 键，电子就不容易运动，也就是说基本上是不能导电的。

共轭双键的电子可以充分自由移动，这一性质与单键有着很大的区别。也就是说，拥有共轭双键的聚乙炔是可以导电的。

我在第4次课题中所做的工作，就是以聚乙炔为中心进行导电高分子的研究，从结果上来说这也和锂离子电池相关联。也就是说，福井谦一和白川英树两位诺贝尔获奖者的成就，是我研究锂离子电池的原点。

　　有幸的是，我在京都大学时的恩师也参与了白川英树的聚乙炔的研究，我曾多次拜访那位恩师，询问了研究过程。他将聚乙炔的合成方法教给了我，我在此基础上置办了川崎的研究所的实验设备，做好了自己动手合成聚乙炔的准备，同时我开始研究聚乙炔这个SEEDS可以与什么样的NEEDS进行结合。

　　聚乙炔是具有金属光泽这一特性的塑料，但除外观以外，它也有着令人惊讶的多样性。

　　其主要特征有以下几点：

　　① 具有导电性能。

　　② 可以用作半导体，也就是说可以用作晶体管。

　　③ 通过光线照射后可以产生电力，进行光伏发电，也就是说可以用于太阳能电池。

　　④ 在电化学上，可以得失离子和电子，也就是说可以用作二次电池的材料。

　　其中最能引起我兴趣的，当属第④点"在电化学上，可以存取离子和电子""可以用作二次电池的材料"这一点了。

　　当时以小型、轻量化为目的的新型二次电池的开发已经进行得如火如荼，但其商品化进程却始终停滞不前，原因就在于负极材料。当时已经开发出了以金属锂作为负极材料的二次电池，但它在安全性等方面有着很大的问题。也就是说，要使新型二次电池成功商品化，就必须有新的负极材料出现，而我确信聚乙炔就是这个众望所归的全新负极材料。

如我在之前说过的，锂离子电池是以碳作为负极、钴酸锂作为正极的。电池的基本构成中最关键的就是正极材料和负极材料的组合，锂离子电池同样也是如此。也就是说，在准备研制新型电池的时候，寻找正确的组合这项工作是非常重要的。碳材料是怎样被选中，同时又经过怎样的过程才选定钴酸锂的，其中的故事讲述出来，可以说直接就是一部锂离子电池的开发史了。

我确信聚乙炔可以成为这个重要的负极材料的候选，并且有预感，聚乙炔这个SEEDS与小型、轻量的新型二次电池这个NEEDS可以很好地结合起来。

第 5 章

锂离子电池开发秘闻 2
面向小型、轻量化的挑战

与正极命运般的相遇

　　我想到了用聚乙炔作为新型二次电池的负极材料这个主意后就立刻投入了研究。

　　在电池的研究中，并非一开始就作整体考量，而要先对单极进行评估。单对其中一极进行评估的方法，拿负极来说，就是只针对负极来进行材料的选定、特征的调研等，一边判断其好坏一边进行改良。

　　对聚乙炔负极进行单极评估后发现，对乙炔的聚合法、电解液的种类及其纯度等方面进行改良后，其性能比起最初有显著提升。这更增加了我用聚乙炔来做负极材料的信心，并实际试制了电池来确认其性能。

　　然而这时，有个很大的难题摆在了我的面前，那就是还没找到能和聚乙炔负极组合的正极材料。这样一来，电池的试制也就无法实现了，没有合适的正极材料，是做不了电池的。

　　当然，当时已经有很多种非水系二次电池的正极材料为人们所知了，比如二硫化钛、三硫化钼等。

　　但是，这些全都不能使用。理由很简单。

　　以往的非水系二次电池，都是用金属锂来作负极材料的。也就是说，已知的可以成为正极材料的物质，都是以负极材料是金属锂为前提条件的。

我再说得详细一些。锂离子二次电池在充电及放电反应中都需要锂离子，而在负极使用了金属锂的情况下，锂离子就会由金属锂自动供给。因此，这种情况下正极材料就不必含有锂离子了，事实上也从未有过用含锂离子的物质作为正极材料的例子。因为正负两极的材料同时含有锂离子是没有意义的，只是一种浪费。

然而，当用聚乙炔来作为负极材料时，情况就不同了。因为聚乙炔中不含锂离子，那么正极材料就必须含有锂了。也就是说，迄今为止的那些已知材料全都是不符合要求的。

即使找到了聚乙炔这样优异的负极材料，没有正极材料也是做不成电池的，于是我的电池制作计划就此搁浅。

我因无法找到解决这项难题的对策而整日闷闷不乐，日子一天天过去，直到1982年的年末。那一年的工作（包括研究所的大扫除）全部完成后，在某个没什么特别事情可干的下午，我拿起了寄来后因为忙于研究而一直没时间阅读的文献看了起来。

其中，有一篇当时牛津大学的教授，同时也是该校无机化学研究所所长约翰·古迪纳夫的论文，文中提到了我意想不到的内容。据他所说，钴酸锂这个化合物可以作为二次电池的正极来使用。而且这个化合物拥有 4 V 以上的高电动势。并且论文还指出，当时还没有能够与钴酸锂相适配的负极材料。

钴酸锂是含有锂离子的。因此，同往常一样使用金属锂作为负极材料的话，正极和负极就都带有锂离子了。正如我刚才所说的，这样就没有意义了。

但是，我已经知道了一种不含有锂离子、可以作为负极材料的原材料，不用说，那就是聚乙炔。将钴酸锂与聚乙炔组合的话会发生什么呢？我心想，会顺利吗？这正是我在寻找的正极材料啊！

一过完年，我就照古迪纳夫论文中所讲述的方法合成了钴酸锂，并将其与聚乙炔组合，试制了电池。我想应该能成功吧，充电进行得很顺畅。那放电呢？也顺利完成了。以聚乙炔为负极的新型二次电池终于诞生了！辛苦了这么久，这一瞬间我十分激动。

经过调研发现，这种新型二次电池的重量比以往二次电池要明显得轻。因此我将聚乙炔负极/钴酸锂正极这个基本概念作为权利要求申请了专利（专利申请号 特愿昭58-23649号）。这就是现在锂离子电池的原型。

新型锂离子二次电池的诞生，是之前说到的福井谦一的诺贝尔奖、白川英树关于聚乙炔的发现、古迪纳夫有关钴酸锂的研究这3件事相积累的结果。从完全不同的地方、不同的人所做的工作中，诞生出了一种划时代的产品，因此这或许也能算是一个"机缘巧合"事件吧。

在终于制出聚乙炔负极/钴酸锂正极的新型二次电池之后，我照葫芦画瓢地试制了圆柱形电池，并且为了判断这种电池究竟是否具有实用价值，开始了用户工作。用户工作是指给用户（以及能成为用户的企业）查看实际的试制品并听取意见。

我所完成的试制品，在轻量化上可以说几乎能达到满分。重量与当时的镍镉电池比起来，大约是其三分之一，也就是说，基于重量的能量密度是镍镉电池的3倍。

然而在小型化这一点上，却没能达到所希望的效果。我试制的电池大小与镍镉电池基本相同，体积能量密度与以往的二次电池并无二致。

我也知道NEEDS是小型化和轻量化能同时实现，但是这件试制品只实现了轻量化。因此我的用户工作重点在于，如何评价只实现了轻量化这件事，更进一步说就是小型化和轻量化哪一个更重要。

我带着试制品和资料跑了数家企业询问，而所有的用户都给出了相同的答复。

"小型化更重要，只实现了轻量化就稍稍缺乏吸引力。"

这就是他们的回答。

千辛万苦做出来的试制品没有获得认可，我着实有点意志消沉，但是不能就此放弃。我又开启了为实现小型化而寻找对策的每一天。

就在这时，我意识到了聚乙炔这种材料的极限。聚乙炔是一种塑料材料，所以，它的密度（单位体积的质量）只有1.2（单位：g/cm³，以下同），是非常小的。密度小则意味着对轻量化这一点十分有利。但是反过来，密度小，相应的体积就会变得过大，因此在小型化这一点上是非常不利的。

通过计算发现，为了让锂离子电池能够小型化与轻量化并存，负极材料的密度要在2以上。但密度是物质所固有的性质，因此要使聚乙炔的密度达到2以上几乎是不可能的。所以，虽然很可惜，但聚乙炔不能用了。必须寻找一种可以代替聚乙炔成为负极材料的物质。

正如我在第4章中说过的，聚乙炔可以用作负极材料的重要特性是具有导电性，那是因为它是分子中拥有共轭双键的化合物。也就是说再找一种同样具有共轭双键的化合物就可以了，那样的化合物，我脑海中首先浮现的就是碳。而且由于碳的密度在2以上，这一点它不同于聚乙炔，将不会构成问题。

图 5-1 为碳中最常见的石墨的结构示意图。这就是通常所说的龟壳结构，六角形的顶点各有一个碳原子。一根线的地方是单键，两根线的地方是双键，不管从哪个部分来看，都是单双键交替排列的。没错，这就是共轭双键结构。这表明碳是有导电的可能性的，我想碳应该也和聚乙炔一样能成为负极材料吧。

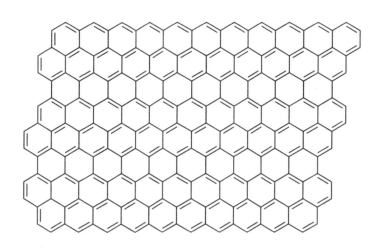

图 5-1　石墨的结构示意图

然而事实并没有这么简单。我对当时入手的好几种碳进行了测评，却没能找到可以作为二次电池负极的材料。

发现了聚乙炔的极限，却又没能找到接替的材料，当我正陷入那种找不到今后研究方向的状态中而闷闷不乐的时候，我得到了一种碳的样品。那是在我制出新型二次电池的一年之后，也就是1984年。

那就是气相生长碳纤维（vapor phase grown carbon fiber），是一种俗称VGCF的特殊碳材料。

当时碳纤维作为新型原材料正备受瞩目，我就职的旭化成公司也在位于宫崎县延冈市与纤维相关的研究所内进行着碳的研究。那是将碳氢化合物通过气相（气体的状态）法进行碳化，使碳纤维在基板上直接生长的一种新奇的研究。

将苯或甲苯这样的芳香族化合物混入镍系催化剂进行汽化，通过1000℃左右的炉子后，在炉子内壁设置的基板上会生长出如发丝般、纤维直径在数微米的非常细的碳纤维，这就是VGCF。尽管VGCF是由1000℃左右的低温①烧成的碳，但它的结构较为特殊，比较容易结晶化。我试着测试了这个VGCF，发现它的电池特性非常出众。

---

① 相对于石墨化需要的2000℃以上的高温。——译者注

我觉得可行，于是制作了以VGCF为负极，以钴酸锂为正极的电池。这就是碳/钴酸锂锂离子电池的诞生过程，这时是1985年的年初。这枚电池的诞生，首次实现了小型化与轻量化这两个NEEDS的并存，同时因VGCF的发现，锂离子电池的基础研究得到了快速的发展。

这种叫作VGCF的原材料是碰巧在旭化成的另一家研究所里，为与二次电池无关的其他目的而开发出来的，这件事十分偶然，我想这也算是"机缘巧合"的一个事例吧。

VGCF适合做负极材料是由于其特殊的结晶结构。而通过VGCF明确了最适合的晶体结构，这就使得负极碳材料的分子设计也成为可能，因此后来我们才能不断地开发出新型的碳负极材料。VGCF的出现加速了锂离子二次电池的研究，也有这方面的原因。

然后直到现在，VGCF也是众多碳原材料中具有最高负极特性的材料。但遗憾的是它的价格非常高，因此无法成为负极的主材料，主材料用的是在这之后开发出的价格更低廉的原材料，但我们还是会在负极材料中混入不造成成本提高的量（1.5%）的VGCF来改善电池特性。最初发现的VGCF是如此细小，但直到现在它还活跃在世界的舞台上，这事令我感慨颇深。

顺便说一下，1985年也是日本电信电话公社被分割民营化，作为其后身的NTT（日本电信电话株式会社）发售挂肩型携带电话机、肩式电话的那一年。那是一项划时代的产品，"将电话机带着走""无论在哪儿都能打电话"这在当时看来如梦境一般的想法被实现了。换言之，也可以说是IT革命的萌芽。

但是肩式电话带在身上过于庞大，并且很重。任谁见了都会想"再小一点、再轻一点就好了"，而小型、轻量化的关键之——锂离子电池在同一年诞生，让人不禁有一种缘分天注定的感觉。

从探索研究到开发研究

　　我以上所说的过程，都是属于上一章介绍的3个研究开发阶段中的第一阶段——探索研究。

　　"碳和钴酸锂"这个SEEDS，通过制作出的锂离子电池，与"实现使用电池的产品小型化、轻量化"这个NEEDS进行了结合。锂离子电池的开发在这之后，转移到了下一个阶段——开发研究。

　　经过千辛万苦终于结束了探索研究的锂离子电池，并不一定能就此顺利地产品化，问题依然层出不穷。

　　经过探索研究诞生的新技术，如果我们要对其实用性进行100项指标的评估的话，我想正常情况下应该是其中特别出众的特性也就1项，而剩下99项都是需要解决的问题点。

　　为什么呢？因为探索研究是对优异的那一点进行彻底的追求，从而产生一项特别出众的特性。而在探索研究的阶段即使发现了问题点，只要不是致命性的，就会对其置之不顾继续进行研究。研究人员始终是以寻找优异的点为优先，觉得问题点以后总会有办法的，而结果就是，问题点堆积成山。

因此，将这99个问题点逐个解决，就是开发研究阶段要做的工作了。在探索研究中的"以后总会有办法的"，此时变成了"想出办法"。

锂离子电池拥有的特别出众的特性就是高电动势。4.2 V的电动势，是以往镍镉电池的约3倍之高，可以成为实现小型化、轻量化的有力武器。但同时，尚拥有99个问题点有待解决也是不争的事实。

实际上，开发研究工作开始后，那些问题就争相浮出水面了。于是我又尝到了新的地狱般的滋味。

第 6 章

锂离子电池开发秘闻 3
为了证明安全性

从问题点中诞生的专利

我制作出以VGCF为负极、钴酸锂为正极的锂离子电池后，将其基本构成作为权利要求申请了专利。事实上，专利并不是只靠专利局审查就完成的。通过专利局暂时权利化之后，也可能会由第三方提出异议或提出进行无效审查。这项锂离子电池的专利同样也是经过这样的过程后才正式通过的。

虽然这样的过程非常麻烦，但重要的专利都会伴随这样的争议，没有争议的专利反而会被认为是因为第三方觉得它并不是什么重要的成果。

能同时被第三方认可的重要专利，其诞生时机主要有两个。一个是探索研究的最后阶段。锂离子电池就是在这个时机确立了新技术的基本构成，理所当然地成为了重要专利。另一个则是开发研究的初期阶段。

我在上一章说过，经过探索研究诞生的新技术，对于其实用性的评价指标如果有100项的话，其中特别出众的特性也就1项，剩下99项都是问题点。

开发研究就是解决那99个问题点，而在这个阶段也常常会诞生重要专利。在这个阶段必须解决的问题，与新技

术的基本构成比起来更加现实，或者说更加功利，从某种
意义上来说是一些低层次的问题，但这些都是在产品的实
用化进程中所不可避免的重要的事情。

　　这99个问题点，真的是一个接一个地喷涌而出，接下
来我就来跟大家分享一下我在锂离子电池开发研究阶段实
际经历的事。

可以存在的课题和不可以存在的课题

说是有99个问题点，但其中也有不能存在的问题。大多数问题在开发研究阶段，花费了人力、金钱、时间就能找到解决办法，但有些问题是始终找不到答案、无法解决的，这些就可以说是致命性的问题。

在探索研究阶段如果出现致命性问题的话，研究就会直接终止了。然而也不是说在探索研究过程中没有出现致命性问题，其中的致命性问题就不存在。它们有可能只是碰巧没有浮出水面，跟着进入了开发研究阶段。因此，开发研究最开始要做的就是，确证这项新技术的致命性问题都已被解决。然而话虽如此，但对于有无致命性问题的判断，是十分困难的。

我在上一章说过，虽然到处都在热情高涨地开展新型二次电池的研究开发，但其商品化进程却始终停滞不前，原因之一是它的安全性问题。以往的电池都是用金属锂作为负极材料的，而金属锂就存在安全问题。

虽说我的新型二次电池不使用金属锂，但也不能掉以轻心，我必须证明碳和钴酸锂是安全的。

然而，虽说要确认安全性，但并没有判定标准，也没有规定的试验方法，我必须先从该做什么样的试验开始考虑。但有一点是毫无疑问的，就是不管做什么样的试验，都不能在研究所内进行。试验到底会带来什么后果是完全无法预测的。因此，试验地点必须是"不管发生什么事都没关系的地方"，幸好我找到了这样一个地方。

旭化成公司涉及多项产业，化学品也是其中一项，因此理所当然地备有炸药的试验场。炸药试验场自然能应对各种情况。于是我好说歹说，化学品事业部终于同意将场地借用给我来进行新型电池的试验。

该试验场位于宫崎县延冈市的郊外，是个冬天会有野猪出没的远离村庄的地方。我把新型电池带去那里，进行了各种各样的测试。比如让铁块从电池的上方落下，抑或让步枪的子弹贯穿其中，然后观察电池的变化。

图6-1是铁块撞击实验照片。锂离子电池的试制品被砸坏，但没有发生更严重的事（比如爆炸或起火等）。为防万一，我让现场原封不动，继续进行了1个小时左右的观察，发现并没有更进一步的变化。

我又试着对使用了金属锂的一次电池进行了同样的试验，结果电池在铁块落下的同时冒烟起火（图6-2）。果然使用了金属锂的电池在受冲击遭到破坏后会有起火的危险，这是致命性的问题，当然是不可能让其产品化的。

图 6-1　电池的破坏试验——铁块从上方砸落

图6-2　在金属锂一次电池的破坏实验中火势非常猛烈

　　如果新型锂离子电池同样起火的话，研究也会就此中断。但是，我的电池即使遭受了同样的冲击并且电池自身损坏，也没有发生危险的事。由此可以判断，针对冲击方面的安全性是过关的。

　　开发研究就是这样一个一个地解决问题，但正如我说过的，开发研究中还会出现量产化及成本等问题。接下来，我就介绍一个相关例子。

没有"镶纯金"的烧结炉就不行吗

作为正极材料的钴酸锂，是由氧化钴和碳酸锂混合后在约900℃的温度下进行数小时的烧结后合成的。这本身不是一个很复杂的反应，在实验室里进行数百克的合成是没有问题的。

在进入开发研究阶段不久后，为了确立将来的生产技术，工艺部门的负责人加入了我们的团队。我们首先从正极材料的制造过程开始探讨，以实验室的合成条件为依据，在某个烧结炉制造商处进行了烧结试验。

然而，在那项试验中，烧结炉内壁的炉材被腐蚀了，这就意味着那个炉子已无法再次使用。

烧一次就要毁一个烧结炉，自然是无法进行量产的。工艺部门的负责人慌忙来向我确认我们在实验室里用的是什么方法。

事实上锂化合物在高温下是具有强烈腐蚀作用的，因此大半的金属材料、陶瓷材料都无法耐受。唯一能完全耐受的金属是纯金，锂化合物的高温腐蚀性非常强，就连同为贵金属的白金也无法耐受。

我们在实验室里也经历过腐蚀的情况，因此我们在烧结炉的内壁涂覆了纯金。因为是实验室用的小规模烧结炉，所以涂纯金是可行的。

面对工艺负责人"没有可以耐受锂化合物高温腐蚀性的材料吗？"的疑问，我照实验室的操作经验如实回答："纯金可以。"这真是个愚蠢的答复，很快消息不胫而走，我的意思最终被传成了"不使用镶纯金的烧结炉就无法进行生产"，甚至有人估算出了给工业用烧结炉镶纯金的设备投资将高达数百亿日元，在公司内引起了轩然大波。

为了实现量产化，我们必须找出能代替纯金的耐腐蚀材料。如果找不出来，开发可能就要在这里终止了。我和工艺负责人共同进行了集中性的对耐腐蚀材料的研究探讨，万幸的是，我们发现了某种高纯度氧化铝材料似乎可以使用，从而没有将事态闹得更加不可收拾。

八重洲的黑钻

　　不光是正极材料，负极的碳材料也出现了问题——VGCF不够，无法制作。要量产当然就需要大量的VGCF，而我们持有的VGCF的量不够，就连提供给用户作评价的试制品所需的量也不能保证。

　　为了赶上用户评价的进程，我们开始寻找市面上的碳材料中尽可能与VGCF相似的材料。在寻找的过程中，我发现了在一堆用于某种特殊用途的焦炭中，有一种显示出与VGCF性状非常相似的材料。因为那个产品是用于特殊用途的，所以产量非常大。我觉得有必要调研一下它是否能成为VGCF的代替品。

　　只是，问题在于如何得到那种碳。通常从别的公司入手样品时，出于礼节，需要向对方说明出于何种目的，会用在什么地方。但是，我们只处于开发阶段，无法将情报外露。不可能如实向对方交代这是用来做新型二次电池的负极材料。

　　因此为了能获取样品，我想不能以书信往来的方式，而必须进行面对面的直接谈判，于是我去拜访了生产商的总公司。

在和东京站八重洲相邻的公司的办公室一角，有一个产品的展柜，其中陈列着几件产品的样品。在那里有一种焦炭一眼看过去就和普通焦炭不同，它随着光线的变化，散发出银色的光辉。我看到它的瞬间，就确认它一定具有很好的性能。我的眼中映射着的是"八重洲的黑钻"。

我强忍着兴奋，向对方的负责人说明了这件样品对我的重要性。但是，对方依然不动如山，表示不说明使用目的就不会给我样品。这对他们来说是理所当然的，都不清楚用意就边说"好的好的，请取走吧"边乖乖交出产品的公司怎么说也有些不对劲。

我也充分懂得这个道理，所以拜托他们是否能多少给我一点，哪怕只给1公斤也好。但对方表示该产品的制造单位、交易单位都是很大的，只取出一点点实属困难。我说可以购入通常交易单位的量，但随后被告知通常的交易单位是一整船。对于还不知道是否能够用得上的材料，我自然不可能一下子就买一整船。于是我又拜托他至少卖给我一卡车的量，但却始终没有谈拢。最终，对方答应跟工厂商量一下后再给我答复，然后就结束了当天的谈话。

那天之后大约过了2周，我收到了一桶200升的样品。就我拜访那天的谈话来看，这事感觉很难，但也许是对方感受到了我的诚意，因此向我提供一次绝无仅有的供给。

这种焦炭跟我所预想的一样，显示出了与 VGCF 相近的性能。而且，收到的焦炭的量即使用于产品化，也可以使用好几年。于是这种焦炭在实际生产中作为产品化的锂离子电池的初代负极材料，出现在了世人面前。

在产品展柜中看见"八重洲的黑钻"时的印象，我至今仍无法忘怀。在此，我衷心感谢提供样品给我的那家公司。

　　我之前一直都在说正极材料、负极材料，而锂离子电池的电极，是将那些材料涂覆在厚度约15微米（0.015毫米）的铝箔或铜箔上制作而成的。具体来说，就是将钴酸锂和碳的粉末混入黏结剂溶液来进行涂覆。在薄薄的金属箔上涂覆是锂离子电池独特的技术，这和以往的电池制造技术完全不同，黏结剂又被称为黏着材料或者胶合剂，用于将钴酸锂及碳粉末黏合，再与金属箔贴在一起。

　　我们已知根据黏结剂中所使用的树脂种类的不同，电极性能会有很大的差异。因此为了寻找能使电极获得最高性能的黏结剂，我们收集了很多样品。

　　1987年的某一天，下属跟我说有客人到访。过了不久，正在会议室接待访客的他联系我，让我也马上过去。我问他发生什么事了，他竟然说在接受警视厅刑警的协助调查。

　　我吃惊地去了他所在的会议室，确实有警视厅的刑警在那里。刑警说他向我的下属确认过我们曾经入手过某一种树脂，他说："你的研究室里应该有这种树脂吧，拿出来给我看看。"

　　我向下属确认了一下，我们确实从某个公司获取过这种树脂作为样品。但是他说还没有对其进行评估就已经扔掉了。恐怕"还没用就扔掉了"这种回答（即使这是事实）是最糟糕的，刑警们当然会更觉得可疑。

刑警问了我那种树脂是准备用来干什么的，这可不是一句"这是企业秘密所以无法回答"就能糊弄过去的。我不想让事情继续发展下去，于是向他们和盘托出。

我告诉刑警，我们现在正在制作一种新的电池，制作过程中需要可以用作黏结剂的树脂。为了寻找最适合的材料，我们收集了各种各样的树脂，被问到的树脂也是其中一种。我给他们看了试制中的电极，进行了仔细的说明。最后又附带说明，这种叫作聚乙酸乙烯树脂的材料是很常见的，并不是什么特殊的东西。

虽然不清楚我的说明能不能洗清我的嫌疑（？），但似乎刑警们多少接受了我的说法，把事情的原委告诉了我。

他们正在进行去年11月发生在有乐町站前的银行抢劫案的调查。犯人向运送现金的银行职员喷了催泪喷雾后抢走了三亿三千万日元。案件中涉及的催泪喷雾是手工制作的，经分析，检出了聚乙酸乙烯树脂的成分。他们得知这种树脂在日本国内市场上几乎没有，因此入手途径很有限。在制造商那里进行了买家调查后，查到了我的下属曾经购买过，因此才来我这里进行调查。

因为我们持有日本国内市场上几乎没有的东西，当然就会受到怀疑，并且还说"还没用就扔掉了"，被认为相当可疑也是理所当然的，但这事着实吓了我一跳。

和警视厅的刑警交换名片的经历，也是绝无仅有的一次，现在想来倒成了一个有趣的回忆。

第 7 章

产业化之路 1
产品开发的艰难启航

新产品产业化的三个必要条件

为了判断新开发的产品是否能够被市场所接受，通常以QCD为标准进行判断：

Q（quality）质量：与市场所需产品质量相符合；

C（cost）成本：与市场所能接受的成本相符合；

D（delivery）交付：能够根据市场所需产品量进行稳定的供给。

这几条判断准则看起来都非常简单，但是当真正判断一个新产品是否符合QCD标准时，是件非常困难的事情。锂离子电池从研究开始到研究初步转移放大的阶段，同样都无法判断其是否满足商品化的需求。图7-1为各种不同类型的锂离子电池。

图7-1　各种不同类型的锂离子电池

按不同需求所制作的形状各异的电池

就Q（质量）而言，锂离子电池的重量和体积只是Ni-Cd电池的三分之一，可以实现更加小型化和轻量化的目标，并且，也可以解决类似锂金属电池存在的安全性问题。但是，对于一个新产品市场推广所需要的Q(质量)，这几条还远远不够。充放电循环次数、低温下的放电特性、高温下长期存储过程中性能衰减的程度等，这些参数都还是未知的。

就C（成本）而言，仍有许多未知的因素。电池的成本由材料成本与制作成本两部分构成。由于所使用的原料基本可以确定，材料的成本可以通过制定大概的标准进行核算，但是制作的成本完全无法进行预测。此外，更加困难的是判断市场能够接受的价格，也就是"定价多少"的问题。与过去的电池相比，新电池的重量和体积大概只有原来电池的三分之一，也就是说其性能提升到了原来的三倍，最初我们认为可以以现有价格的三倍进行出售。但是，后来认识到这一想法太过于天真了。

就D（交付）的产品供应体制而言，是指在一定时间内能够稳定地供应多少产品（或者说尽量能供应多少产品）。生产体制的确立包括确定原材料与设备、确定生产成本，而生产成本又与产品价格密切相关，但当时这些具体问题都是无法确定的。

为了判断最新开发的锂离子电池能否被市场所接受，用户如何评价电池品质、如何定价能够使用户购买等，掌握这些信息都是非常必要的。因此，在研究阶段开展用户试用工作，获取这些相关信息也是非常重要的。

在研究阶段的用户工作中，负极材料使用的是聚乙炔，虽然实现了轻量化，但却无法实现电池小型化（聚乙炔密度相对较低）。与之前不同，我们这次将获得针对产品商业化的电池评价结果。由于还远未达到量产的地步，一定程度上还需要提供大量的样品，因此制作这些样品也是非常困难的。

为了产品的试用而制作样品，首先要做的就是必须确保原材料的供应。锂离子电池的主要部件包括正极、负极、隔膜和电解液。

这些材料当中作为负极的碳材料，可以使用相关公司提供的具有"八重洲的黑钻"之称的碳材料。另外，电解液原料的供应也没有问题。电解液是将锂盐溶于有机溶剂中，锂盐和有机溶剂的获取并不困难，但是溶解锂盐的相关工作需要我们自己完成。

其中比较困难的就是隔膜和正极材料的获取。

隔膜的作用主要是将正极和负极分隔开。在锂离子电池的充放电过程中，锂离子在正负极之间来回穿梭，所以正负极必须分隔开，否则电池会发生短路。短路后电池内部温度上升，部分情况下会发生起火等危险情况，因此隔膜的使用是非常必要的。

实际上隔膜是实现电池小型化的重要障碍之一。

现在锂离子电池使用的隔膜厚度大概是10~20微米（0.01~0.02厘米），已经达到了非常薄的程度，但是当时其他电池使用的隔膜，即使是比较薄的也要有100~200微米

（0.1~0.2厘米）。这一厚度的隔膜对电池的小型化来说是非常大的挑战。因此，我们需要寻求更薄的隔膜材料。但是如何得到薄的隔膜在当时是非常大的难题。

令人意想不到的是，在身边很近的地方就解决了这一难题。就在我们研究所所在的川崎市附近，同属旭化成公司的另一个研究所曾经开展了与隔膜相关的研究工作。

隔膜研究组开发的产品主要是一次锂金属电池所使用的隔膜。一次锂金属电池要求隔膜尽可能地薄，他们便以此为目标进行研究。而且，他们的目标是开发厚度在50微米以下的隔膜，这与我们所追求的目标隔膜厚度完全一致。

在这种情况下，我们有足够的理由联手展开研究。我们试验了新型隔膜，同时基于这一隔膜进行了电池性能评价。这对隔膜组的研究工作来说，是非常有利的，同时对开展用户工作来说也是很有帮助的。

这样一来，剩下的最大一个问题就是正极材料。

如前面所述，我们正极材料使用的钴酸锂，是将碳酸锂与氧化钴在900℃左右的高温下烧制而成。其中碳酸锂和氧化钴是量产的商品，可以直接买到，问题是如何实现这900℃左右的高温烧制。

前面曾经讲过，含锂化合物在高温烧制过程中具有非常强的腐蚀性，能够迅速对高温炉产生强烈的腐蚀。从实验室的研究阶段中了解到，唯一没有被腐蚀的高温炉是涂覆有纯金内壁的高温炉，但是对于进行用户工作的样品的制备来说，这是无法实现的。后来发现可以通过使用已经开发的某种高纯度氧化铝材料的高温炉来解决这一问题，但当时并不了解这一情况。

话虽如此，当时为了制作样品，也只能使用纯金内壁的高温炉。当然，这种操作只能在人力、物力、财力和时间都允许的条件下进行，对于在试制阶段，而且还不确定能否卖出的情况下，是很难被允许的。

当时考虑的不是自己动手制作试制设备，而是使用公司外部的设备（最好是能够实现量产的设备）。也就是说，对相关样品的试制在公司外部进行。原则上，新型电池的开发过程中这些信息是不能外露的，尤其是作为核心的正极材料对外采购，是非常大胆的。

虽然是在外面进行相应的研究，但是钴酸锂烧制过程中高温腐蚀的问题仍然没有解决，因此不是简单地委托生产就可以轻松完成的。在寻找合作伙伴的过程中，发现了岐阜县的土岐市。土岐市以美浓烧而著名，是日本陶瓷器生产量第一的地方。烧制茶碗和盘子的窑有很多，但其中有很多已经超过了使用年限，不能再继续使用。

如果顺利的话，这些不能再继续使用的陶瓷器窑就可以得到有效的利用，对于窑主来说也不算什么坏事。获得以上信息后，我尽快赶到土岐市与原来的窑主进行商讨。对高温下会产生腐蚀的情况也进行了开诚布公的讨论，如果发生腐蚀的情况，只需对炉材进行维修更换即可。

虽然决定无论如何都要试着进行一次试验烧制，但最令人担心的是温度控制。陶瓷器的烧制温度与钴酸锂的烧制温度不同，是否能够顺利完成材料烧制，仍然存疑。但是实际测试过程中，在900℃下成功实现了材料烧制。

令人意外的是，所担心的高温炉材腐蚀问题几乎没有发生。后来才明白，这和炉子的种类有关。在实验室中使用的高温炉主要是电炉，烧制过程中电炉中没有热气的对流，炉材与高温钴酸锂长时间接触，因此造成高温下对炉材的腐蚀。但是陶瓷器窑使用的是煤气炉，烧制过程中有强烈的对流产生。因此高温下炉材的腐蚀问题得到了有效的抑制。

将制成的钴酸锂带回研究所进行性能测试发现，几乎与实验室所制备的材料一致。于是，所合成的钴酸锂便可以应用到电池中。

使用这种窑后，实现了每次以100千克为单位的材料烧制。虽然烧制一次要花费将近数十万日元，但是与之前使用电炉进行材料烧制的方式相比还是要便宜很多。最重要的是，将材料的烧制工作委托给陶瓷器窑来完成，研究室的研究人员就可以专注于有关电池的研究，这一点我是非常感谢的。

使用陶瓷器窑进行正极材料烧制的工艺，实际上在锂离子电池商品化之后的数年间也一直在使用。虽然锂离子电池是一种高科技产物，但是在其研发过程中，像陶瓷器烧制这种传统技术也作出了相应的贡献。

原材料的获取虽然都已经解决，但是工作并没有结束。接下来我们要面临的是电极制作过程中的问题。

图7-2展示了电池中电极结构示意图与电极照片。

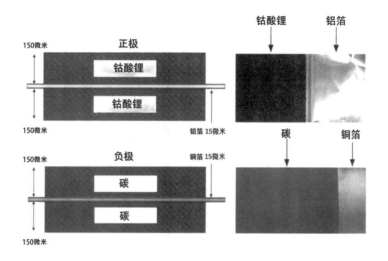

图7-2　锂离子电池电极的界面与电极表面照片

锂离子电池的电极是通过在金属集流体上涂覆相应的电极材料得到的，正极采用钴酸锂，负极采用石墨。通常情况下，正极集流体使用金属铝，负极集流体使用金属铜，这些金属集流体的厚度一般控制在非常薄的程度，大约15

微米。在薄的金属集流体上涂覆厚度为150微米左右的电极材料，这种在如此薄的金属上涂覆电极材料的工艺是锂离子电池独有的技术。

实验室级的样品制作过程中，涂覆工作通常采取手工涂覆的方式。但在用户推广阶段的样品制作过程中，就很难实现了。因为所需要的样品数量非常多，一个一个地采取手工涂覆的方式很难实现，因此为面向量产的需求，开发相应的技术也是十分必要的。

但是，这也不是一件简单的事情。

并不是因为没有相应的机械设备。制作胶带或者磁带过程中使用的涂覆技术与电极涂覆过程中需要的技术是类似的，可以使用相应的机器进行实验，但是这种机器的价格非常昂贵。实验室级机器的价格达数千万日元，而量产所需要的机器大概要10亿日元。因此，用实验室有限的研究经费购置这样的涂覆机比较困难。

于是，我们决定还是使用公司外部的设备。涂覆是一种在多种制品中都使用的技术，就像前面所讲的一样，虽然相应机器的价格很高，但可以选择委托加工的方式进行涂覆处理。我们从埼玉县岩槻市（现在的埼玉县岩槻区）的工厂中以一小时10万日元的费用租借到一台机器来完成涂覆工作。

但是，这一阶段的实验工作也不能完全进行外包。正极的烧制温度与陶瓷烧制温度差不多，基本上可以使用陶瓷烧制技术。因此，将正极烧制的工作委托给陶瓷器窑进行处理就可以了。但是之前没有在金属箔集流体上进行涂覆的技术，因此是一项全新的工艺，所以不能完全委托给涂覆公司进行处理。我们决定由研发团队的一名研究人员亲自动手进行涂覆工作。

因为在实验机上没有进行过实验条件的摸索，也不清楚具体的工艺条件，所以一直很困难。不像胶带和磁带那样已经有很成熟的技术工艺，可以很轻松地完成涂覆工作。

锂离子电池正极使用的是厚度在15微米左右的铝箔，与家庭厨房中使用的铝箔差不多。可以想象成把厨房中装在盒子里面的铝箔拉出来，然后再像原来那样卷回去。但实际过程中的操作是非常困难的，因为无论怎样操作都会起褶皱。

电极制作步骤与胶带和磁带相似，将电极材料涂覆在铝箔上，干燥后再将铝箔卷起来，但在最初的实验过程中还无法完成，即使在涂覆之前将铝箔卷起来的操作也不能完成。

最后总算可以将铝箔卷起来了，也尝试着涂了浆料，但是所涂浆料厚度不均，并且不断出现凹痕等各种问题。

所有问题中，最难解决的就是电极出现褶皱。在涂覆机上固定的铝箔宽度大约为50厘米，但偏偏斜着出现褶皱。在实际的电池组装过程中，需要将极片宽度裁剪成5厘米，如果在金属箔的边缘平行着出现褶皱的话，只是褶皱的部分不能使用，其余的部分仍然可以使用。但是偏偏是斜着出现了褶皱，所以整个极片都不能使用了。

　　虽然可以尝试通过改变条件来避免褶皱的出现，但是涂覆机是租的，就像出租车一样每小时要花费十万日元，因此没有足够的时间来进行大量的试验。受困于此的时候，突然有一天，进行实验的研究人员报告说，他找到了不起褶皱的方法。

　　通过了解才知道，他为了寻找产生褶皱的原因，进入涂覆机的干燥区去观察。既然没有时间从外面通过改变温度和风量等条件进行尝试，又不知道为什么会在一定的位置产生褶皱，不如自己直接去看一下。

　　在进入干燥区中观察后发现，褶皱总是在干燥区特定的位置产生。了解到这一情况后，在改变条件进行试验的过程中，只要保证产生褶皱的这一特定区域得到改善即可，这样试验的时间和需要的人手都会大幅度减少。就这样，我们找到了不起褶皱的方法。

　　干燥区是不断吹送100℃热风的区域，因此进入干燥区观察这一行为是非常危险的。我们绝对不会给出"进入干燥区观察"这样的指示，而且如果事先有报告的话也会叫停这种操作。所以也不知道到底该不该表扬这种行为，但确实是多亏了这位研究人员的果断，褶皱的问题才得以解决。

现在已经确保了原材料的供应，电极制作过程中的问题也已经解决，终于可以开始制作电池样品了。虽然这么说，但电池组装还是手工完成的，我们就是在这样的条件下，开始用户推广市场工作的。

第 8 章

产业化之路 2
用户推广从数码相机开始

大约在1985年，在能够确保电池制作的原材料之后，我们迅速与潜在用户企业进行了接触。

最初对这一技术感兴趣的是东京都日野市的一家数码相机公司。那时还没有手机和笔记本电脑，在这些前所未有的领域需要高性能的二次电池还能够理解，但意外的是数码相机制造商却有相应的需求。因为当时的相机基本上都是机械运转的产品，几乎没有通过电池来制动的功能，更别说是需要高性能小型二次电池的相机。

尽管如此，该制造商还是对小型二次电池有需求，主要是用于他们正在研究开发的"新式相机"。所谓的新式，就是现在的数码相机。当时还是100%的银盐照片时代，甚至还没有数码相机这个词。

当时从制造商那里得知，这些"数码相机"是下一代产品。总有一天，银盐照片会被取代。虽然当时正在开发"其他方式"的新式相机，但遗憾的是，用新式相机拍摄出的图像分辨率很低，还不能够马上替代银盐照片。

但是，新式相机具有连拍功能，可以连续拍摄50张照片，这是银盐照片相机无法实现的，可以根据这种连续拍摄的功能衍生出其他新的商品，用于推广。

　　但是在测试新式相机连拍功能时，出现了问题，在完成连续拍摄50张照片之前电池就停止工作了，无法进行充分的连续拍摄功能测试。

　　因此，能够支撑相机进行50连拍的小型化、轻量化电池变得至关重要。

　　确实，这种具有连拍功能的数码相机最早出现在20世纪90年代初，一直被人们所喜爱。对于喜欢高尔夫的人们来说，将自己的挥杆过程连续拍摄下来，是不是就可以研究自己挥杆的姿势呢？公司当初也是这样预设数码相机用途的。

　　对于数码相机开发者来说，好不容易才实现了数码相机50连拍的功能，但是由于电池的原因而使得这一功能无法得到充分发挥，这是非常遗憾的。同样对于我们电池开发者来说，再一次意识到了电池的重要性。

　　当我们把样品交给相机制造商的几个月之后，得知了可以实现50连拍这样令人激动的消息。实际上，对于这种新式相机，将其商品化为时过早，因此便没有继续推进下去，对于电池样品的用户评价工作也就结束了。但从这些评价中得到的宝贵经验又进一步加速了新型二次电池的研发进程。

8毫米摄像机的商品化

　　新式照相机的用户推广工作完成之后，紧接着又出现了对这种新型二次电池非常感兴趣的企业。这个企业就是索尼。

　　当时家用录像机的规格之争（也就是所谓的Betamax与VHS之间的竞争）基本上已经结束了，VHS录像带成为标准规格。但是VHS录像带宽度为12.7毫米，外形尺寸为188毫米×104毫米×25毫米，VHS的这种尺寸很大，也很难处理。

　　因此，进一步替代VHS的新式录像带规格是8毫米。正如其名，录像带的宽度是8毫米，整个录像带的尺寸也接近于8毫米。尽管尺寸这么小，但录像时间却能够达到2小时，作为替代VHS的新的录像带规格而备受瞩目。在此之前，Betamax与VHS之间激烈的规格之争已经消耗掉了整个行业的耐心，使得整个行业不再犹豫，8毫米的录像带也迅速成为下一代录像带的统一规格。对8毫米录像机规格的最初倡导者、已经在Betamax与VHS竞争中失败的索尼来说，8毫米录像带的市场绝对不能输。

　　8毫米录像机原本是作为单纯的录像机而被考虑的，但为了最大限度地发挥其优点，就将拍摄和播放功能合为一体，作为主力产品。

　　这种8毫米的录像机是1985年由索尼公司首发的，虽然录像带变小了，但是录像机本身并没有变小，所以录像带变小的优势不能充分体现出来。

　　因此，索尼公司的目标就是将录像机机体小型化。同年发售了手掌大小的录像专用摄像机（被称为手掌摄像机），第二年发售了兼具播放功能的手掌大小的摄像机，并且开始研发更小、更轻的摄像机。

　　开发这种新型摄像机（之后以护照大小的手掌摄像机问世），主要有两个方面的问题需要解决。

　　一方面是画质的问题：相当于人眼的CCD（摄像像素）是25万像素（全视觉207万像素），还没有达到令人满意的画质。因此提升这种CCD像素成了重要课题。

　　另一方面就是电池的问题：虽然录像带的标准已经定在了8毫米，但也还是存在竞争对手的。VHS磁带的微缩版是VHS-C。采用小尺寸的录像带，通过在VHS-C录像机上使用盒式适配器，或使用之前的VHS录像机，均可以播放录像。这种可以在家用录像机上播放的录像带已经在售了。

　　VHS-C的录像时间仅仅20分钟（后来延长到40分钟）。而对应的8毫米录像带在标准画质下能够录像2小时。录像时长是8毫米录像带最大的优势。

但是，这里就存在问题了。如果使用常规的镍镉电池，尽管可以连续工作2小时，但录像机的尺寸不会变得更小。如果将机身尺寸缩小，那么就要相应减小电源，则录像时间就只有30~40分钟，那就没有必要使用可以录制2小时时长的录像带了。如果这样的话，8毫米录像带的录像时长优势就完全无法体现了。

正因如此，当时索尼迫切需要重量、体积均为镍镉电池三分之一的电池。

而重量、体积均只是镍镉电池的三分之一恰恰是我们已经开发出来的新型二次电池能够满足的条件。我们完全有信心，相信我们进行电池开发的目标没有错。

就这样开始了索尼的用户工作，这种类似共同开发的合作方式持续了将近5年。在这一过程中更加明确了QCD的作用。

与索尼的用户工作正式开展以来，需要的样品数也逐步增加。当数量上升到每天需要制作数百只电池的时候，已经达到了手工制作电池的极限，必须想办法解决这一问题。

理论上自己引入的电池组装设备应该靠自己的力量进行开发，但是旭化成公司没有有关电池组装方面的技术基础。而且如上所述，这种新型电池的电极构造与以前传统电池的电极构造有着显著的不同，并非引进现成的电池生产线就可以完成的。必须从相应的机器设备开始研发。进行研发还需要相应的资金、人力、物力以及时间等，这并不是能够轻易做到的。

经过综合比较判断之后认为，必须再次依赖外部的力量。我称之为外协大作战（这已经是第3次了）。

因此我们开始摸索着合理利用公司以外的电池组装设备，这也是一个难题。在这种新型电池的未来发展尚未明朗的阶段，向日本的电池公司进行委托加工还是比较困难的。是单独进行开发，还是找到某个厂家进行合作开发？在看不到明确未来的情况下，无法委托日本的制造商进行样品的试制。但是，也还没有达到需要规划未来电池事业发展的阶段。

样品试制无法在日本完成，所以只能寻求去海外完成相应的工作。综合考虑能够完成相应工作的海外公司，首先想到的就是美国。

认为在美国能够完成这样的样品试制工作是有原因的。美国与日本的电池产业构造完全不同。在日本的电池产业中有大型电池公司，但是没有相应的中小型电池企业或微型风险企业。因为没有特种电池市场，也就没有相对应的微型风险企业。

一方面，美国当然有像日本一样的大型电池企业，同时面向NASA的空间电源市场，以及军事用途的电池市场等，也有满足特殊场合电池需求的微型风险企业。而且，在美国有很多微型风险企业，能够从NASA或者军方那里获得开发资金。我们认为，这样的风险企业，是有可能接受外协电池组装业务的。

在美国寻找能够进行样品试制企业的过程中发现，位于加利福尼亚州（以下简称加州）主题公园和斯坦福大学附近的微型风险企业，能够接受这样的电池试制业务。

从日本把电极、隔膜和电解液送过去，然后在加州完成相应的电池组装工作。结果发现样品试制有90%的失败率，只有大约10%的产品是成功的。也就是说，试制的产品中有90%的废品，只有10%的产品能够使用，但这样做的实际意义就不大了。废品率有90%的原因，主要是在以往电池中没有用过这样的电极，电池的装配效率无法得到提高，没有办法每天稳定地组装数百只电池。所以不能够按照最初设想的那样，利用现有的设备进行生产，此次样品试制以失败告终。我们从这10%的成功率中得出结论，这是一个很艰难的工程。

图8-1是电池组装工艺图，其中最难的工程是卷绕工艺。卷绕工艺就是将隔膜夹在正负极之间，通过旋转将它们卷绕在一起（图8-2），这也是电池组装中最基本的一步。

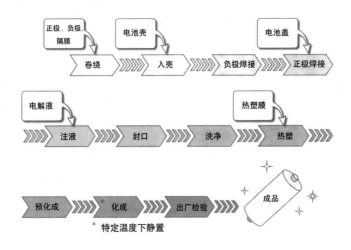

图8-1 电池组装过程

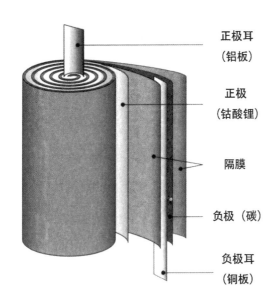

正极耳
（铝板）

正极
（钴酸锂）

隔膜

负极（碳）

负极耳
（铜板）

图 8-2　锂离子电池构造

片状的正极与负极之间用隔膜隔开，然后卷绕到一起

　　在加州试制过程中得到的废品大多都归因于这一关键步骤，因为在卷绕过程中频繁发生卷轴错位等不良现象，除此之外没有发现其他大的问题，这也是在加州的试制过程中得到的唯一的也是最重要的收获了。

　　我们从这个结果来看，只要引入卷绕更加精密的机器似乎就能解决这一问题。经过相关的调查了解到，电解电容器的制造跟这种新型电池卷绕工艺具有类似的要求。然后了解到，这种机器是由滋贺县草津市的一家工厂生产的，随后我们便带着电极、隔膜等样品来到草津市进行交流洽谈。

我向草津市该社的社长请教："贵社的机器能够将电极和隔膜精准地卷绕在一起吗？"社长惊讶地回答道："对机器稍微做些改动就可以完成了。"

然后我们收到的机器报价是2000万日元，虽然这个价格很高，但是没有这台机器，我们的用户工作就无法继续进行下去。因此，说服了公司内部，买到了这台机器。经过数月的反复测试，新型电池用的卷绕机器第一号机完成。尽管除卷绕工作以外的其他工作还是用手工方式来完成，但引入了卷绕机，每天能够按时完成数百只电池的制作。

根据旭化成公司社长的指示，将这种新型二次电池所用的卷绕机命名为"KYW"。其中K是草津（Kusatsu）的首字母，Y是吉野（Yoshino）的首字母，而W是卷绕机（Winder）的首字母。在这台KYW机器之后研发的设备，成为后来锂离子电池的标准化卷绕机，目前在世界上仍然广泛使用。在相关的机器制造方面，当年的草津工厂仍然保持着世界领先水平。

外协大作战的海外篇实际上失败了，但是从失败中我们意识到卷绕技术的重要性，这也是海外外协工作的最大收获。

第 9 章

产业化之路 3
满足质量、成本与交付要求

与索尼的用户工作顺利开展了起来。这一工作的核心就是确定能否根据QCD来判断产品是否符合市场要求。尤其是关于Q（质量）方面提出了详细的要求作为评价标准，对不能满足这一标准的方面立即进行相应的改良设计。通常是解决完其中一个问题后，立马又出现下一个问题。每天都是这样地反复出现和解决问题，就这样，我们逐渐看清了新型电池事业化成功的道路。

就在这时，得知了一个令人意想不到的消息。1987年夏天，NTT在日本首发的手持式携带电话TZ-802搭载的电池发生着火事件。而且，这一电池就是新型二次电池。

从汽车电话—肩式耳机—手持电话逐步发展到便携电话的过程中，TZ-802电话是最初发明的手持式携带电话。所谓的手持式电话重量在900克左右，绝对说不上重量轻，但是这是现代便携电话发展的起点，是值得纪念的一号机。这种值得纪念的机型所配置的电池发生了着火，是件非常糟糕的事情。

TZ-802中搭载的电池是加拿大Moli Energy公司开发的新型二次电池。这种电池中正极采用的是硫化钼，负极采用的是金属锂。事故发生的主要原因是电池内部发生了短路，从而引起异常发热，最终导致起火。事故发生之后立刻开始了TZ-802的召回工作，Moli Energy公司也停止了一切新型二次电池的生产。

这一令人震惊的消息对于新型二次电池的研发工作产生了很大的影响。但实际上，这一事件的影响除了有坏的方面，同时还有积极的方面。

"果然新型二次电池的安全是有问题的，很难实现商品化"这样的言论随之而来，这是消极的一面。而另一面，也有"果然金属锂作为负极材料是有安全方面问题的，因此，负极一定得使用非锂的碳材料"这样的声音，这对于我们开发二次电池来说，是积极的一面。

在这种微妙的情况下，我们也只能继续前进。在那之前，关于新型二次电池的安全问题，无论是在公司还是在与索尼的用户工作中，都已经得到了充分的认可。

Moli Energy公司对事故原因也进行了彻底的调查，公开报道了其调查结果。不出所料，发生问题的主要原因就是金属锂负极。这次事件表明电池的安全性非常重要，对于此次事故原因的彻查，为锂离子电池走向世界注入了强大的动力。

新型二次电池如何走向产业化

1989年，将新型二次电池产业化作为目标后，旭化成公司内部开始讨论如何将这种新型二次电池推向市场。最初讨论的内容包括：

是否符合市场所要求的品质（这里包含对于安全性的要求）；

是否符合市场对于成本的要求；

是否满足市场对于相应需求的交付量。

以上三个方面，也就是所说的对于QCD标准的相关讨论。但是关于这方面的讨论，因为之前和索尼这样的大公司讨论过，所以就比较容易地通过了。

因此，继续讨论具体的产业化战略。主要讨论要以哪种形式开展，旭化成公司能够选择的选项主要包括下列三种：

选项一：因为是旭化成公司好不容易单独开发出的产品，所以电池的产业化也应该由旭化成公司单独来完成；

选项二：旭化成公司在电池的相关产业领域完全没有经验，应该寻找经验丰富的合作伙伴成立合资公司（商业风险企业）来进行合作；

选项三：不开展电池生产的相关业务，而是将技术转让，授权其他公司开展相关的电池业务，即通过技术转让来获得相应的利益。

在以上三种方案中，到底采取哪种方案，一时很难得出结论。但不管采取哪种方案，都已经为应对任何情况做了充分的准备。

为了能够独立开展电池产业化任务，希望能够自己开发生产技术，特别是电池组装技术，因此在工程部中加入了技术开发小组；在进行合作开发的相关准备中，对国内外电池制造商的合作意向都进行了咨询了解。这些工作均以总公司的企划部为中心展开。

无论是独立研究还是合资开发，取得相关的技术专利对产业化战略来说都非常重要。尤其是在技术转让方面，相关的专利更是重要。因此，知识产权部门也在全力推进专利的授权工作。

为了能够应对各种情况，做了各个方面的准备，在之前的发展过程中，逐渐看清了未来发展的方向。也有几个公司在开始阶段积极参与了合资开发的工作，作为电池产业化发展的一种方案来讲，合资开发的方向逐渐得到决断。随后东芝作为强有力的合作方出现。1991年，旭化成与东芝就联合成立合资公司达成协议。

突然传来的惊天新闻

在与东芝公司之间的合资共同开发事业刚起步时，突然有一天爆出了惊天新闻。新型二次电池实现了商品化，搭载新型二次电池的手机开始发售。光是这个新闻就足够让人震惊了，更让人吃惊的是开发这一电池的公司是索尼。

我们曾经与索尼一起以"在8毫米摄像机上安装新型电池"为课题，进行过非常亲密的合作，一直把索尼当作用户来考虑。所以在听说索尼开发了新型电池之后，感到非常震惊。

通过对索尼新型二次电池的研究发现，他们的正极采用的是钴酸锂，负极采用的是碳材料。因此电池命名为"锂离子电池"。

虽然不知道在索尼公司内部，这种锂离子电池的开发过程是怎样的，但是在世界上大家都公认，首先将锂离子电池商业化的是索尼，并且这个是毫无疑问的。

这一新闻对于合资公司的准备工作产生了重大的影响。为了对抗索尼，必须加快设立合资公司，推进产品化进程。借着这则新闻的东风，旭化成与东芝迅速成立了合资公司。事实上索尼将新型二次电池成功商品化的新闻，对我们有着较大冲击的同时，也加快了我们成立合资公司的步伐。

与东芝联合成立电池合资公司

1992年10月，旭化成与东芝联合正式成立了E-tei电池（エー·テイバッテリー）股份有限公司，主要面向电池开展业务。

此时与东芝的合作主要通过以下方式进行：

电池的制造、销售等相关业务由E-tei公司负责；

锂离子电池所使用的电池材料等相关业务由旭化成公司负责；

旭化成有关锂离子电池的专利，也可以授权东芝以外的其他电池企业使用。

以上方式包含了旭化成公司对有关电池事业发展预想的三种模式：独立开发、合资开发、技术授权转让。

首先是关于第一条的电池制造工作，由川崎市的东芝工厂E-tei电池公司开始生产，并且E-tei电池公司在随后的十年间也不断进行着相关的业务工作。

其次就是关于第二条的电池材料业务。旭化成在为E-tei电池公司提供隔膜材料的同时，也扩大了向其他公司提供隔膜材料的市场。

最后是关于授权其他公司锂离子电池专利方面，我们除了许可E-tei电池公司使用以外，也积极地授权其他公司，这乍看是相互矛盾的。虽是合资企业，但是在拥有自己电池公司的同时，也积极地向竞争对手提供电池专利，这就相当于放弃了自己的优势一样，我们认为东芝应该会反对旭化成这样的操作。

但意外的是，东芝公司很爽快地同意了这样的方案，这显然有违常理。原因是在电极行业内，原则上材料、部件应由多家公司提供。锂离子电池的制造产业自然也是一样，应由多家公司参与，这样电器公司才能够更加安心地使用产品。东芝方面认为，首要工作是将锂离子电池的整体产业做大，因此他们赞成推广技术许可的工作。而在化学产业领域，这样的想法是令人难以置信的。

就这样，在落后索尼一年之后，我们成立了 E-tei 电池股份有限公司，马上就可以扬帆远航了。但是，刚刚起航，就遭遇了龙卷风。

那是被称为"达尔文之海"的暴风雨。

第 10 章

阻碍新事业的三个重要关口

　　美国西部开发时期有这样的说法，新的事业走向成功，需要经历三个重要的关口，分别为"魔鬼之河""死亡之谷"和"达尔文之海"。当时，很多人为了梦想而踏上征程，从东海岸出发，朝着因淘金而沸腾的西海岸前进。

　　从东海岸出发向西海岸前进的路途中，首先遇到的就是大河的阻拦。如果游不过这条河，西进之路便就此停止。在这里有一大半的人还没游完这条河就沉了下去，因此也就成了"魔鬼之河"。这条"魔鬼之河"正是著名的密西西比河。

　　经历重重艰辛游过了"魔鬼之河"的少数人继续向西走，再前进一段路途之后便会遇到"死亡之谷"。若不跨越这"死亡之谷"，西进之路也将止步。这被称为"死亡之谷"的地方就是现在的世界遗产"大峡谷国家公园""约塞米蒂国家公园"，以及遍布着奇异景色的"死亡谷国家公园"等地方。当然在这里又会有一大半的人掉队了。

　　好不容易跨过了"死亡之谷"的少数人继续西进，终于到了西海岸。在这里等待他们的是"达尔文之海"。到达了西海岸的人们，为了追求梦想再次扬帆远航，向着"达尔文之海"出发。然而，在这过程中又会有一大半人被卷入暴风雨，少数幸运儿最终到达加拉帕戈斯群岛，即所谓的"达尔文之海"。

只有成功越过了"魔鬼之河""死亡之谷"和"达尔文之海"三大关口，才有可能取得新事业、新创业的成功。

对于研究开发来讲，"魔鬼之河"就是基础研究阶段，这一阶段就是一边在孤独的工作中苦苦挣扎，一边寻找着世界上还没有的新事物。随后的"死亡之谷"就是在取得基础研究成果后，对产品进行商品化、产业化开发的阶段。在这一阶段，一个问题接着一个问题地出现，夜以继日地寻找相应的解决策略，通常这一过程要持续好几年。这一阶段是非常辛苦的。

在这三个阶段中，最为痛苦的就是第三个阶段"达尔文之海"。

在研究开发阶段解决了各种各样的问题后，总算实现了梦想中的产业化——建立工厂、新产品成功问世，但是，消费者并不是马上就会购买这个产品。在人们认可新产品的价值、建立成熟的市场之前，还要花费几年的时间，这就是"达尔文之海"。走到这一步，需要高额的研究开发投资、工程建设的设备投资等，如果新产品卖不出去，那将是非常痛苦的事情。

如果将锂离子电池开发过程与这三个关口相对应，大致如下。

魔鬼之河：1981—1985年。从聚乙炔的研究开始，到锂离子电池成功发明为止的基础研究阶段。

死亡之谷：1986—1990年。推进面向产业化的研究开发，解决不断出现的问题，直到最后能够明确判断，可以继续推进产业化之路。

达尔文之海：1990—1995年。建完工厂，将锂离子电池推向市场，经历长时间售卖不出、直到市场成熟的数年间。

就这样，锂离子电池的"魔鬼之河""死亡之谷"和"达尔文之海"分别经历了5年的时间。从研究开始到成熟市场的建立，大概经历了15年的时间。我认为这对于一个新商品的产业化来说是既不算长也不算短的一段研发历程。

所谓的"达尔文之海"现象为何产生？

按理说，只要满足新产品产业化的判断标准QCD，在社会上推出新产品后应当就会非常畅销。然而，实际上并不是那样的，要等到"时机成熟"，我认为其中有我们看不见的重要因素在起作用，才会出现"很感兴趣，但是不买"这样的奇怪现象。

我从数码相机开始，将开发阶段后半程的8毫米摄像机作为用户工作的对象，推进了这一过程。在1990年之后，手机、笔记本电脑等新商品开始问世。这一时期，我访问了很多家公司，带着如图10-1所示的样品电池，向他们展示了锂离子电池的特点。

图10-1 三节镍镉电池（左）与一节锂离子电池（右）

一节锂离子电池的工作电压是4伏，这是工作电压为1.2伏的镍镉电池的三倍，而且外形尺寸与三节镍镉电池相同，非常容易进行替换，并且工作时间提升到原来的三倍。

每一个公司对我的讲解都表现出极大的兴趣，大多数公司也都希望对性能进行测试。但将样品交付给他们进行试用后，却很难再进行下一步的详谈。也就是说，出现了"很感兴趣，但是不买"的现象，这是最麻烦的。因为如果出现了"很感兴趣，但是不买"的情况，那么之前有关QCD的判断标准就是错误的，但事实并非如此。实际上还有其他原因。

到底是什么原因？也是后来才知道的。

对于8毫米摄像机、手机、笔记本电脑等便携式电器来说，大家都知道小型化、轻量化二次电池在其中的重要性。这些设备搭载新型电池后，如果工作时间提高三倍，那设备整体的优越性会立刻显现出来。但是，新型二次电池在市场上完全没有实际业绩，并且将其装在相应的设备上确实存在一定的风险。他们的想法是在时机成熟之前做好准备，时机成熟之后可以马上行动。

原来如此。

都不想冒领头跑的风险，但是起跑晚的话也会很麻烦。所以大家都希望和别人一起跑。

与其说是"很感兴趣，但是不买"，倒不如说大家是"很感兴趣，但是时机成熟之前不买"。这是典型的"达尔文之海"现象。

　　那么，时机在什么时候才能成熟呢？

1993年，与手机相关的技术领域发生了重大变化。

在那之前，手机的通信过程都是使用模拟语音通话的对应系统，称为1G时代。这里的1G是1st generation的简称，也就是第一代的意思。当时手机的通信系统全部向数字通信的方式（2G）转变，这给手机的发展带来了戏剧性的变化。

1G时代的手机只能进行模拟语音通话。也就是说，这时的手机仅仅只有电话的功能。但是，通信方式转变为数字化之后，不仅仅有语音通信，还有数据传输的功能。也就是说，在手机中能够实现邮件或者数字文件的收信与发信功能。

在向2G时代转变的时候，类似NTT Dokomo的服务模式还没有出现，所以要实现浏览邮件和网页的功能还需要一些时间，理论上这一阶段的手机不单单只有通话的功能，而是一个便携式的"信息终端"。如果把这件事情看作移动IT开始的标志性事件也不为过，就看如何来划分阶段了。

从1G到2G的转变过程中，还有一个重要的变化，就是终端IC（集成电路）回路的驱动电压降低到了3V。

1 G时代手机中IC回路的驱动电压是5.5 V。1 G手机中使用的是镍镉电池，由于镍镉电池的电压是1.2 V，所以需要5节电池才能达到5.5 V的电压（图10-2）。

5节镍镉电池

2节锂离子电池

图10-2　驱动电压为5.5 V的1 G（第一代）用电源设计图

　　虽然我们也在不断强调，将镍镉电池换成锂离子电池后，用2节电池就足够了，但是用户不愿意接受这个优势。既然要使用多个电池，为什么非要换成锂离子电池呢？

　　但是驱动电压下降到3 V以后，情况发生了显著的变化。因为即使驱动电压下降到3 V，仍然需要3节镍镉电池。而使用电压为4 V的锂离子电池，1节就足够了。事情发展到这里，需要2节和需要1节是完全不同的，"1节就足够了"具有非常大的优势。

我们曾经介绍过"使用锂离子电池，1节可以代替3节镍镉电池，使用时间也延长3倍"的愿景，现在已经完全实现了。

这样使用1节电池就实现了手机功能，手机的电源市场便一下子全部流向了锂离子电池。这是在1995年左右发生的事情。

表10-1是手机与PHS（无线电话）的人口普及率与签约数的情况比较图。从表中可以看出，以向2G通信时代的过渡为界，手机的普及率开始大幅增长。之后的普及率更是出现了惊人的增长，从1995年开始正式发售后，仅仅经过了5年的时间，人口普及率就超过了50%。

普及率迅速提高的原因主要是终端的小型化与轻量化，使用的便捷程度提高，得到了广泛的认可。对此，轻量化、小型化锂离子电池的贡献绝对不能忽视。

此外，给大家介绍一个非常有趣的统计。图10-3是锂离子电池相关的专利数量随时间的变化。

在1981~1990年的研究开始阶段，专利申请数量基本为零，直到1990年锂离子电池问世以后才逐渐增加。1995年以后，市场迅速扩大，专利申请的数量也急剧增加，尤其

表 10-1　在不同年份手机、PHS 的签约数对比

年份/年	手机		PHS	
	人口普及率	签约数	人口普及率	签约数
1989	0.30%	35980	—	—
1990	0.60%	85638	—	—
1991	1.10%	153230	—	—
1992	1.40%	200507	—	—
1993	1.70%	249916	—	—
1994	3.80%	542350	—	—
1995	9.60%	1394144	0.60%	82226
1996	19.80%	2884252	3.20%	472728
1997	29.30%	4275205	3.40%	501340
1998	38.60%	5655032	2.00%	292049
1999	47.50%	6996302	1.80%	265323
2000	56.00%	8263070	2.10%	308171

注：基于日本东海地区（岐阜县、爱知县、三重县）的数据（资料来自总务省的东海综合通信局主页）总结，其中 PHS 的数据从 1995 年开始。

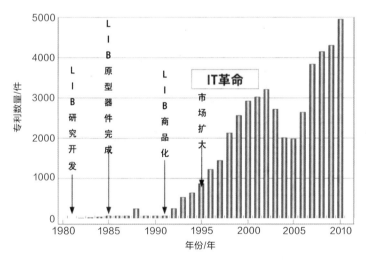

图 10-3　不同年份的锂离子电池（LIB）相关专利申请数
根据专利局公开的专利信息制作

是1998~2002年之间更为显著。

这是一个自然而然的现象，因为一旦锂离子电池这种新产品得到认可，很多企业和研究机构都会开始研究，研究开发的竞争也变得更加激烈。这与专利的申请是息息相关的。

日本的专利制度规定，专利申请一年半之后公开。另外，一般情况下，从研发开始到申请专利也要经过一年半的时间，因此从1995年左右开始锂离子电池相关的研究工作所申请的专利数，到1999年左右会达到一个峰值。

一般来说，竞争性的研究开发工作进行7~8年以后，产品也渐渐成熟。另外，各个企业之间的实力也逐渐固定，研究开发的竞争性也随之降低，产业化发展的环境变得更加稳定。锂离子电池开发的这一过程，在2003年左右达到了相对稳定的状态。

另外，图10-3表明，在2007年以后，还出现了一个大的高峰，这一高峰又意味着什么呢？接下来我们继续分析。

　　恰好在那个时候，Windows 95正式发布，全世界的目光都转向了IT和信息化社会。

　　图10-4是日本家庭中电脑普及率随时间的变化过程。1995年之前，普及率一直保持很平稳的状态，1995年之后普及率急剧增加。

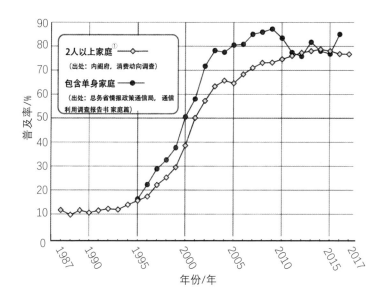

图10-4　电脑家庭普及率

① 不包含单身家庭和外国人家庭，只包括一般家庭（每年3月数据）

Windows 95的一个重要特征就是可以进行网络连接，这引起了很大关注。上市的那一天深夜人们就排起了长长的队伍，这也成为一种社会现象。

实际上在这之前的计算机就已经有了连接网络的功能，但是当时还没有让一般家庭能够轻松上网的相关通信设施，也就是说Windows 95的问世并没有立即实现网络社会。

发售这种新的电脑操作系统（基本软件）成为一个大的社会话题，让社会的关注焦点转向了网络和信息，很多人都有预感会发生什么新的事情，对于即将到来的新时代有一种期待感，事实证明人们的这种感觉没错。

这样的社会氛围成为手机、PHS、笔记本电脑等移动IT设备开发和普及的东风，这也是毋庸置疑的。

这正是所谓的"时机成熟"。

再加上一个下文要谈的话题，据说3 V驱动的IC回路在市场上是难以接受的，还没有完全认识到3 V驱动的IC回路的优点，他们（3 V驱动的IC回路）和我们（锂离子电池）一样，也在"达尔文之海"上漂流着。

当时，他们对于自己商品的优点作了如下说明。

"虽然还没有在社会上普及，但是已经有了锂离子电池。我们的回路可以用一节锂离子电池来驱动。"

他们以锂离子电池为例，展示了自己的优点。

3 V 驱动的回路与锂离子电池相互帮衬，成功地让对方认识到了两者的优势所在。

即使是性能非常卓越的产品，单独跨越"达尔文之海"也不是简单的事情。就像锂离子电池与低电压 IC 回路这样，被卷入风暴中的遇难船联手共谋出路，随后趁着 Windows 95 东风的推动，成功跨越了"达尔文之海"，到达胜利的彼岸，这就是成功的秘诀。

跨越了"达尔文之海"的锂离子电池为移动 IT 社会作出了巨大贡献。接下来，锂离子电池将面临着下一个重大使命。

第 11 章

从 IT（信息技术）到
ET（能源与环境技术）

自IT革命开始20年来，世界焕然一新，创造了现在的移动IT社会。在这个移动IT社会中，我们享受着其带来的成果。

但是，对于我们来说，已经意识到仅次于IT革命的巨大变革将要开始。那么这个变革是什么？会创造出什么样的新社会呢？

下一个变革将为新社会带来的变化，应该潜藏在IT革命这20年来的轨迹中。

如果问生活在1995年的人们，能够想象现在的移动IT社会的样子吗？向当时的人说现代社会的样子，肯定会得到"那是不可能的""不相信""那样的技术是不可能的"这样的回答。

比如告诉生活在1995年的人们"仅仅带着手机，就能够确认自己当前在地图上的位置，然后有声音告诉你如何到达目的地"，他们会是什么样的反应？（这里所说的手机当然是指智能手机，但是跟当时的人们说智能手机，他们肯定不明白是怎么回事，所以要换个说法。）

虽然当时带有声音说明的汽车导航已经实用化了，但那是一个非常昂贵并且体形很大的装置，在汽车中的普及率不到20%（依据内阁府宇宙开发利用专门委员会资料）。当时导航还是属于比较特殊的机器，也不确定能否普及。

现在，几乎每个人都有自己的智能手机，只需要安装免费的地图APP，就能立即知道自己现在所在的位置、对面的方向以及到达目的地的路线和所需要的时间。就算是第一次到某个地方去，也不会迷路。这样的情况，在当时是完全无法想象的。

这里要给出一个重要的提示。无论是谁都会说"那是不可能的""不相信""那样的技术是不可能的"这样的话，等实现之后就是革命。

在预测下一个变革为社会带来新变化的情况时，当然也可以进行同理推测。现在我们所认为的"那是不可能的""不相信""那样的技术是不可能的"的社会状态，在几十年后可能会全部实现。用常识是无法预测未来的，这点非常重要。

再向前追溯一下，主要发生在1985年到1990年之间的故事。这个时期，对于锂离子电池开发来说，正好处于"死亡之谷"的挣扎时期。

从某些用户那里听到了有意思的说法，就是有关"三大神器"的故事。在这个时代，还没有人能够预测IT革命到底是一个什么样的事情，但是总有人感觉世界将要发生一些改变。有一个这样的说法"在不远的将来，世界将会发生重大改变。那时这三个基本的部件将会变得非常重要"。这三个重要的核心部件被称为"三大神器"（图11-1）。

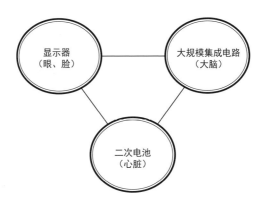

图11-1 "三大神器"的基本部件

他们所说的这"三大神器"，第一个是相当于大脑的LSI（大规模集成电路）。LSI的集成度今后会有飞跃性的提高，这是现在难以置信的事情，但以后会逐渐变成现实。

第二个是相当于眼睛或脸的显示器。此时，液晶显示器还不是一个最强劲的选项，无论是液晶显示器还是等离子显示器，不管开发哪一种显示器件，将来都会成为重要的基础部件。

第三个就是驱动这些基础部件的核心部件，也就是相当于心脏的二次电池。他们认为小型轻量的新型二次电池一定能够实现实用化。

这个"三大神器"的说法，对我来说是很有用的。我记得在公司内部讨论"真的需要二次电池吗"的时候，就是用了这个"三大神器"的说法说服对方的。

结果是LSI取得了无法想象的巨大进步，连接了超大容量存储单元、超高速运算元件等。同时，当时还在开发中的液晶显示器也有了飞跃性的进步，成为显示器设备的中坚力量。锂离子电池作为二次电池问世，以小型化、轻量化的二次电池迅速成长起来。"三大神器"无疑已经成为实现移动IT社会必需的设备。

既然有"三大神器"，那也会有"三大钝器"。这是我的理解，这里所说的"三大钝器"定义如下：

在"三大神器"这一新事物广泛传播的背后，也有慢慢消失的东西。特别是一个多世纪以来（也就是从爱迪生时代开始），本来之前一直使用的产品因技术变革而消失，这被称为"三大钝器"。

当我看到IT革命的曙光初现时，感觉有三种商品（图11-2）在今后会消失：

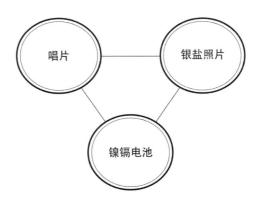

图11-2 "三大钝器"的基本组成

排在第一位的是镍镉电池，这不是爱迪生发明的，但同时代开发的镍铁电池是爱迪生发明的，也就是说从发明以来，一直使用了100多年。正如之前所说，这是被锂离子电池所替代的商品。

第二个是唱片。这是爱迪生的发明，典型的模拟产品。盒式磁带和DAT（数字音频磁带）等各种新的替代品相继出现，但是唱片却一直很坚强地生存了下来。但是，在CD登场之后唱片时代也就宣告结束了。

这些都是伴随着IT革命的进行，在"从模拟到数字"的大潮中消失的产品。收录演奏时长的古典音乐和影片的专辑LP盘，通常直径达30厘米，使用时必须非常注意。相应尺寸只有12厘米，质量也很轻的CD，使用起来就非常方便，而且当时还有一种"数字信仰"的观念，况且CD的音质相对更好，因此CD很快就取代了唱片。

最近，听说模拟唱片的音质又被重新拾起，有重新焕发活力的兆头，但是再也回不到过去作为主流音乐记录介质的程度了。

况且，将唱片淘汰的CD，现在也已经不再是记录音乐/播放媒体的主流介质了。

第三个就是银盐照片，它是通过使用感光剂对光作出反应来记录影像的。想要欣赏照片的时候，需要在照相馆中对照片进行冲洗，然后印在画纸上。这不是爱迪生的发明，这是同时代的乔治·伊士曼的发明，也是一种典型的模拟产品。

也许会有人问"为什么银盐照片会消失？"

这个答案很简单，因为数码相机出现了。

但是，这个因为数码相机的说法还不够准确。

实际的原因是什么呢？

实际上我也认为数码相机的出现导致了银盐照片的消失。但是，跟大型摄影公司的人聊起"三大钝器"的时候，他们认为银盐照片的消失并非由于数码相机的出现。而是2001年，带有相机功能的手机中照片邮件的出现，直接导致了银盐照片的消失。

数码相机出现的时候，引起了摄影公司很大的讨论。当时得出来的结论就是"数码相机不是威胁，银盐照片还是能够生存下来的。"

这一结论主要是通过对银盐照片的QCD方面进行分析比较得到的。

Q（质量）：银盐照片的像素在1000万以上，比数码相机多了两位数以上。而且，银盐照片有100年历史的品质保证。银盐照片只是不能连拍（这只是听说的内容）。

C（成本）：银盐照片的成本在不断降低。即使使用数码相机拍照，在印刷的时候，墨水、相纸等材料所用的成本都太高，无法与银盐照片相抗衡。

D（交付）：对于银盐照片来说从拍摄到洗印的整个过程很费时间。但是照片洗印店遍布全国各地，相对数码相机来说，这并非什么劣势。

经过这样的分析比较，大家一致认为数码相机不足为惧，银盐照片的事业不会衰落。包括经营管理人员、事业部负责人、营业人员以及研发人员都一致对"银盐照片不会衰落"这个观念坚定不移。事实上，数码相机发售之后，银盐摄影业的销售额反而增加了。并且，由于数码相机的发售，数码相机使用的高级印刷纸这样的新业务也出现并快速成长起来。

照片邮件出现后，银盐照片不灭的神话一夜之间崩塌了。

关于照片的社会价值观完全发生了改变。上述基于QCD的分析是正确的，但是这是在照片都是需要拍摄和洗印的情况下进行的分析。由于照片邮件的出现，照片并不需要按照传统模式将照片进行洗印，而是变成邮件后直接发送，完全改变了照片的价值体现方式。至此，银盐照片摄影业已经完全结束了，信息终端从手机转移到智能手机，现在的状态就是拍照后可以直接上传到社交网络平台（SNS）。

虽然带有摄像头的手机给人如此之大的冲击，但是在这款手机发售之初，产品的销售情况并不是非常乐观。据传闻，将其商品化的制造商在手机业务中属于后起之秀，之所以能够起死回生，关键就是开发了带有摄像头的手机。

但是，带有照相功能的手机发售之后，有相当一段时间完全卖不出去，成了公司的负担。据说在完全找不到解决策略的情况下，也有人提议裁剪手机业务，这正是在"达尔文之海"中漂流的原因。

在这样的情况下，包括在广告代理商参与的对策研讨会上，提出了如下问题："究竟为什么要开发这种东西？开发的目的是什么？"研发负责人解释"这个带有照相机功能的手机的开发，主要体现的概念就是拍照之后不用打印，直接通过邮件就可以发送出去，但是消费者还没有理解这样的概念。"

如果是这样，那么在进行宣传活动的时候就要打出来类似"带有照片的邮件（照片邮件）"这样的宣传语。如果那样还是不行，就可以考虑从手机终端的业务中撤退了。带着这样背水一战的决心进行了相应的营销活动，果然非常奏效，也非常成功，那个制造商在手机事业方面一举获得了最高的市场占有率，这实际上是一件非常不可思议的事情。

商品应用价值观的变化会显著改变市场情况，这就是一个非常好的例子。

我们再一次介绍第10章中已经介绍过的图10-3。

在图中，2000年前后的峰值表明IT革命的轨迹，这个在前面已经讲过了。那么，现在正在进行的第二个高峰是什么呢？从锂离子电池的角度来看，可以明显地感觉到下一次巨大变革已经开始了，而且，下一次变革的规模好像要比这一次IT革命的规模还要巨大。

实际上下一次的革命主要发生在环境和能源领域。用英语表达就是"environment & energy"，取首字母表示成"ET"。这次变革的主要目的是构筑一个可持续的社会（sustainable society）。我认为，锂离子电池在这一次的ET革命中也会做出重要贡献。

那么，这一次ET革命的内容是什么？ET革命将会产生怎样的社会？ET革命中的"三大神器"和"三大钝器"分别是什么？将在下一章进行讲述。

第 12 章

ET 革命的先锋——汽车

到目前为止，锂离子电池是与IT技术一起成长和发展起来的。这一情况，我们可以从不同年份日本锂离子电池相关专利的申请情况了解到，这些数据可参见图10-3。

从数据图（图10-3）中我们可以看到，锂离子电池的申请专利数从2006年开始又急剧增加。与IT革命轨迹的第一波相比，可以看出来第二波非常大的革命即将来临。

但是，重要的并不仅仅是专利申请的数量。从图中我们可以发现，不仅是专利申请数量的变化，专利的质量也发生了显著变化。

第一个变化是专利申请人的范围。第一波专利申请高峰中主要的申请人来自通信器材公司、电器公司、电池公司、电子部件公司、材料公司等。第一波的申请主要伴随着IT革命，这是理所当然的。

但是，第二波的申请高峰情况不同，大幅度增加的是来自汽车公司的申请。同时电力公司和石油公司等的申请数量也在增加。

第一波专利申请高峰的专利目的，主要是针对电池的小型化、轻量化等方面，以及便携式电器普及过程中的问题；第二波专利申请高峰中专利的目的已经是针对资源、环境与能源等社会问题。

　　在这些信息当中，第二波高峰主要是针对资源、环境、能源等人类最大的课题，我们认为是在针对以上问题寻找具体解决办法的背景下所获得的专利。也就是上一章最后提到的"ET（能源与环境）革命"。关于这一次的ET革命，锂离子电池又能够发挥什么样的作用呢？

面向汽车用途的展开

最初的ET革命是一个非常广的概念，绝不是只有下面要叙述的关于汽车的变革。汽车的变革，就像ET革命的先锋队，如果理解了汽车革命的相关内容，整个ET革命的全貌也就显而易见了。

首先，我们来一起了解面向汽车用途的锂离子电池现状。

图12-1给出了基于锂离子电池装机容量（单位：GW·h）的基本市场状况。图中的移动IT包括之前的携带式电话、智能手机、笔记本电脑等应用领域，除移动IT以外的三项都代表锂离子电池在汽车领域的应用。

图中的18650型锂离子电池主要是面向美国特斯拉公司的应用。将笔记本电脑用的8000节小型圆柱状电池连接在一起，可以用到电动汽车中。xEV是汽车用的大型锂离子电池，xEV-CN是中国汽车所用电池（包含公共汽车）的市场情况。在中国由于PM2.5等环境问题，推动了汽车的电动化作为一项政策，从2015年开始形成巨大的市场。

三菱汽车的I-MiEV（アイ·ミーブ）和日产汽车的聆风（リーフ）这些真正的纯电动汽车的发售是在2010年左右。

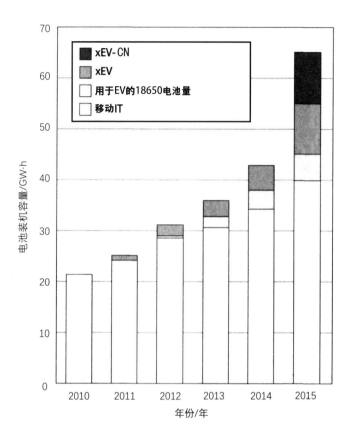

图12-1　按用途划分的锂离子电池市场状况

基于 B3 股份有限公司的预测数据制成

正如IT元年是1995年一样，可以认为ET的元年是2010年。
在2010年左右，锂离子电池的市场几乎都是面向移动IT领
域，在这之后用在汽车方面的电池市场便逐渐扩大，甚至
用在汽车领域的电池量会反超移动IT领域。而且，在那之

后可以看到一大半的锂离子电池都应用在汽车领域。

锂离子电池在汽车领域应用急剧增长的原因主要包括以下几个方面：

① 锂离子电池在移动IT领域有着20余年的市场实绩。

② 通过提高能量密度等性能，可以预测续航里程将会进一步提升。

③ 经过多年的市场实践，锂离子电池的成本进一步降低。

④ 欧美和中国等国家，对汽车的生产使用实施了严格的环境限制措施。

也就是说，锂离子电池相关技术的进步与汽车使用的环境限制两方面原因，成为推动汽车电动化进程的原始动力。

下一个里程碑是2025年

美国加利福尼亚州的大气资源局从20世纪90年代开始提出了推进零排放汽车(ZEV, zero emission vehicle，没有废气排放的汽车)的政策。这个ZEV政策迄今为止已经实行了严格的规定，从2018年起将会实施更为严格的规定，如

表12-1　美国加利福尼亚州的 ZEV 规模

年份	ZEV的比例
2018年	4.5%
2019年	7.0%
2020年	9.5%
2021年	12.0%
2022年	14.5%
2023年	17.0%
2024年	19.5%
2025年以后	22.0%

表 12-1 所示，汽车厂商要承担占销售一定比例的 ZEV。尤其是到 2025 年，这一比例会超过两成，达到 22%，这一数字还是非常惊人的。同样更为严格的环境规定在加利福尼亚州以外的美国其他州，以及欧洲、中国等地逐渐开始实施。

如果实行这样的环境规定，那么到 2025 年锂离子电池的市场将会是什么样？图 12-2 进行了解释说明。

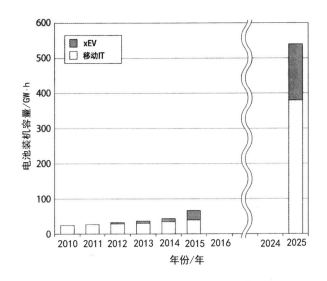

图 12-2　预测到 2025 年按用途划分的锂离子电池市场

基于 B3 股份有限公司的预测数据

到 2025 年，用于汽车的锂离子电池市场规模将远远超过目前用于移动 IT 方面锂离子电池的市场规模，这也是非常惊人的数据。我认为 2025 年又会是一个具有里程碑意义的年份。

　　ET革命的先锋是汽车的变革，通过理解汽车的变革过程可以看到ET革命的全貌。换言之，到2025年左右，新的汽车社会将会诞生，ET革命随之成为现实。

我想在这里介绍一下ET革命的"三大钝器"。IT革命的"三大钝器"分别是唱片、银盐照片和镍镉电池，而ET革命的"三大钝器"分别是什么呢？

在这里，关键词依然是爱迪生。大家也思考一下到底是什么？我认为，主要是以下三种（图12-3）。

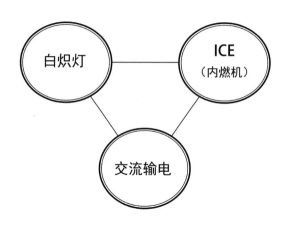

图12-3　ET革命的"三大钝器"

第一个是白炽灯。这个是爱迪生的发明，但是在ET社会中节约能源是一个重要的课题。有着100年历史的白炽灯已经逐渐被耗电更少的LED取代，白炽灯时代就要结束了。

我认为排在第二位的就是"交流输电"。在ET革命中，发电、输电和蓄电都是重要的变革对象，在这里要详细地说明一下有关输电的事情。

电力事业的黎明期是19世纪末，这个时期爱迪生和特斯拉之间发生了有关电流的争论。这里的特斯拉跟前面所说的电动汽车特斯拉公司不是一回事，这里指的是发明家尼古拉·特斯拉。

这两个阵营争论的焦点主要是输电方式。爱迪生的通用电气阵营提出了直流输电的方案，而特拉斯和威斯汀豪斯阵营提出了交流输电的策略。

电流中有直流和交流之分，我们在这里稍微介绍一下。

如何理解直流电，我们用干电池来进行说明还是比较容易理解的。

干电池中电流是从正极流向负极的。也就是通常沿着一定的方向来流动。而且，这个时候的电压是恒定的（随着电池的消耗，电压也会下降）。电流和电压方向不变的电流流动称为直流电。

与之相对应的是，交流电中电流和电压的方向呈周期性变化。电流流动的方向发生变化这件事，听起来比较难于理解，定义电流流动的方向在任何场合下都是"从正极到负极"，"流动的方向发生变化"换句话说就是"正负极之间交替"。从家庭插座中直接得到的是交流电，将插头插上之后获得电流，正负极之间是周期性变化的，并不确定哪一个是正极、哪一个是负极。

电流流动的方向和电压以一定的周期进行变化，周期是指"一秒内变化多少次"，也就是所说的频率（单位是赫兹）。一秒之内变化50个周期就是50赫兹，变化60个周期就是60赫兹。大家都知道东日本与西日本的用电频率不同，所谓的频率就是这个意思。从插座中得到的电都是交流电，但是家用电器中有不少电器必须是直流电才能工作。在插头与电器之间有一个适配器，它的作用就是将交流电（AC）变成直流电（DC），以供电器正常使用。

从发电厂发出来的电到消费者终端的送电方式是采用直流送电还是交流送电，这是爱迪生和特斯拉争论的焦点。

当初直流输电的方式占优势，但当送电网络逐渐扩大之后，交流送电就开始显示出压倒性优势。为了减少输电损耗，在长距离输电过程中必须采用高压输电的方式，但是当时的技术将直流电高压化还是比较困难的。

结果是爱迪生阵营失败，从那以后的一个多世纪里，都是采用交流输电，直到最近才开始重新重视起直流输电。主要原因如下：

① 由于电力电子技术（输电、变电相关技术）的进步，直流电的变压技术很容易实现；

② 如果能够实现直流电的高压化，将会大大降低直流输电的电损耗；

③ 大部分的电子电器产品都是使用直流电驱动；

④ 以直流电方式发电的太阳能电池，通常要经历直流－交流－直流的转换过程，所以要经历双重电损耗；

⑤ 大规模的蓄电系统普及之后，充电、放电都会使用直流电。

一度打败爱迪生的交流输电在ET革命中将逐渐消失，很有可能直接变成直流输电。重建已经完成的交流输电这一社会基础设施是很困难的，但是直流输电所带来的节能效果也是无法估量的。

就身边的例子来说，白炽灯是直流和交流两用的，而LED是直流来驱动的。现在的灯泡型LED价格高并且比较重，原因是灯泡中有将交流转换为直流的内置转换器。如果使用直流供电的话，灯泡型LED将会变得既便宜又轻便，效率也将会显著提升。

第三个就是ICE。ICE是internal combustion engine的简称，即内燃机，也就是发动机。

乍一看爱迪生与发动机之间是没有什么关系的。19世纪末，卡尔·彭茨和戈德里普·戴姆勒想要制造能够改变世界的新型交通工具，就是现在的发动机式汽车。也就是说，现在的发动机式汽车的产生是发动机时代开始的标志。

这一发明从成功应用到现在，已经有一个多世纪的时间了，我认为ICE也会随着ET革命的逐渐进行而最终消失。

这种说法如果跟汽车公司的人去说，他们肯定会给出"发动机汽车不灭论"的说法，我的感觉就是，这个说法跟IT革命过程中的"银盐照片不灭论"极其相似。我们在前面的讲述中提到过，银盐照片走向灭亡的最后推手是照片邮件，而这一次的"发动机汽车"走向灭亡的最后推手又会是什么呢？这个答案，我们将在最后一章来跟大家分享。

2016年的新闻报道中指出，德意志联邦共和国参议院通过了一项议案，决定在2030年将全面禁止汽油内燃机和柴油内燃机等相关汽车的使用。虽然这一议案并非立刻发生法律效力，但是各国各界对于此举都有很大的反响。针对这一议案，产生了很多的议论，比如"这是非常不现实的""这个想法百分之百实现不了""在技术上是没有办法实现的"等反对的声音频出。

在这里请回想一下前面讲过的故事，生活在1995年的人能够想象现在的移动IT社会的样子吗？"那是不可能的""不相信""那样的技术是不可能的"。革命就是把这些谁都想不到的事情、想法变成现实。

　　我们的下一章，也就是最后一章的主要内容是"ET
革命引领的未来社会"，以及日本在 ET 革命中应该扮演的
角色。

第 13 章

ET 革命引领的未来社会

虽说ET革命的先锋是汽车的变革,但是ET革命的范围绝不仅限于此,而是在非常广泛的领域都会引发变革。在上一章中,我们已经谈论到在这场变革的浪潮中将会逐渐消失的"三大钝器",那么,ET革命中的"三大神器"会是什么呢?

ET革命的对象是资源(包括食物在内)、环境(CO_2)、能源(发电、输电和储电)这些人类面临的最大课题,对这三个领域中存在的问题给出明确解决方案的技术和产品,应该就是"三大神器"了。然而,由于涉及的领域过于广泛,我也无法面面俱到给出具体的想法。因此在这里,我想聚焦于ET革命中关于汽车的"三大神器"进行重点介绍(图13-1)。

毫无疑问,今后的汽车将变得更加电动化。如果要对实现这一目标的路径做个大概的推测,那么可以说下一个里程碑式的节点会出现在2025年。

那么,汽车的变革是否仅以电动化而告终?我认为2025年以后汽车会有更大的变化,所以我想在这里提出2025年以后的汽车社会预想中的"三大神器"。

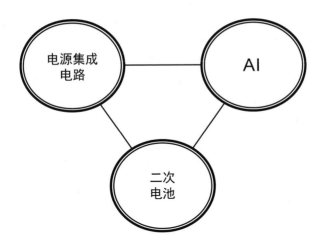

图 13-1 ET 革命中关于汽车的"三大神器"

首先是二次电池。充电电池作为 IT 革命中的"三大神器"之一，也将在 ET 革命中发挥重要作用。这已经多次提到了。

第二个是电源集成电路。这可能是一个陌生的词汇，所以解释一下背景。LSI（大规模集成电路）是 IT 革命中的"三大神器"之一，众所周知，LSI 的持续升级和进步在 IT 革命中发挥了重要作用。

这种 LSI 是微电子领域的一项技术。微电子是一项以毫伏和毫安级别为研究对象，最高可达数十伏和几安的电压和电流的领域。

与此相对的是电源电子领域的技术，这是控制几十千伏和几千安的高压和大电流的电子学的世界。在电源电子领域，电源集成电路发挥着与LSI在IT革命中同样的作用。

直到现在，电源电子领域的产品只有很小的规模，技术进步也不大。但是，可以期待未来在电动汽车等大规模市场中会取得应用，因此我认为这一领域会取得长足的技术进步。

在ET革命中，这种电源电子器件，例如电源集成电路等，将会开始发挥作用。随着这项技术的进步，上次提到的直流输电等也将成为可能。

第三个是AI，也就是人工智能（artificial intelligence）。AI是指以计算机为工具，试图实现类似于人类的智能，或以此为目的的一系列相关的基础技术。

特别重要的一个功能是与人类相同的自我学习能力。这种AI技术应用的实例之一就是我们最近经常听到的汽车无人自动驾驶技术。汽车由人工智能驾驶，而不是人类。最终，汽车将变得没有方向盘、刹车和油门。

也就是说，汽车变成了机器人。尽管听起来像是天方夜谭，但在不久的将来是一定会实现的。

这种无人自动驾驶技术由AEB（自动紧急刹车）、ACC（自动恒速行驶）、LDW（车道偏离报警）和LKS（自动保持车道）等多项基本技术组成。技术整合的发展路线如表13-1所示。

表13-1　无人自动驾驶技术的发展路线

阶段	开发技术内容	实用化时期	备注
Level 1	单独搭载AEB、ACC、LDW、LKS等驾驶辅助系统	以2016年为节点，多数车种都实现了实用化	—
Level 2	联合搭载AEB、ACC、LDW、LKS等驾驶辅助系统	以2016年为节点，部分限定车种实现了实用化	—
Level 3	具有自动驾驶功能，但最终安全确认还需人为操作	2020—2025年	有方向盘
Level 4	完全自动驾驶，无需人为干预（无人自动驾驶）	2025—2030年	无方向盘

AEB：Automatic Emergency Braking（自动紧急刹车）
ACC：Adaptive Cruise Control（自动恒速行驶）
LDW：Lane Departure Warning（车道偏离报警）
LKS：Lane Keep Support（自动保持车道）

截至2017年，无人自动驾驶技术的发展处于Level 2的后半段，部分达到了Leve 3的车型，如特斯拉的Model S已经上市。如果发展到Level 4的最后阶段，将实现没有方向盘也没有驾驶员的无人驾驶，实现的时间预计是在2025~2030年。

在这里又一次出现了2025年这个时间点。可以期待，2025年将是具有里程碑意义的一年。

那么，当ET革命中关于汽车的二次电池、电源集成电路和人工智能"三大神器"融合后，将会诞生一个怎样的汽车社会呢？

"我的汽车"消失的那天

　　不言而喻，"我的汽车"就是私人所拥有的汽车。私人拥有汽车的原因五花八门。可能是驾驶汽车是一种爱好，也可能是拥有汽车（特别是特定的车型）是身份地位的象征，或者是除了自己的汽车之外没有其他交通工具等。

　　然而，当"AIEV"实现时，情况就会发生变化。AIEV是我起的名字，是artificial intelligence electric vehicle的缩写。换言之，它是一款由人工智能技术打造的具有无人自动驾驶功能的新能源汽车。通俗点说就是无人驾驶出租车，这种说法可能会让人更加容易想象，但是无人驾驶出租车这种说法缺乏面向未来的微妙感觉，所以我才想到给它起名叫作AIEV。

　　AIEV汽车本身是无人驾驶的，所以可以随时随地调用它。换句话说，就确保交通而言，私人拥有汽车的必要性已经没有了。除了那些把驾驶作为爱好或者把汽车作为地位象征的人，已经不必特意花费成本去费心拥有它。2025年以后，"我的汽车"将会消失（逐渐地减少）。

　　让我们试着想象一下这种AIEV将会如何运作。

　　AIEV由AIEV运营商统一管理。运营商类似于智能手机行业中的NTT DoCoMo、Softbank或au等，用户将与该AIEV运营商签约。

这种AIEV运营商有各种收费制度和服务制度，估计标准合同条款会是每年1万公里包年服务，算上家庭优惠的月费约为1万日元。

表13-2是当前的私家车（燃油车）、有人驾驶的出租车（燃油车）和AIEV在每年行驶1万公里（一般车主的年行驶里程）时所花费的总成本，其中后两者都按照10名用户共享的情况来计算使用成本。

拥有一辆汽车，每年行驶1万公里的总成本约为90万日元。车辆价格（折算成每年）和燃料成本占该成本的很大一部分。打车的成本和私家车差不多，但细目分类完全不同。出租车司机的人工和燃料成本占出租车总成本的很大一部分。

当出租车被无人自动驾驶的AIEV取代时，司机的人工成本当然就变为零。另外，由于AIEV依靠电力运行，电费是燃料成本的五分之一。这样一来，AIEV每年行驶1万公里的费用只有约12万日元（每月约1万日元）。

此费用涵盖了现在使用私家车进行的一切活动，如通勤、购物、旅游和打高尔夫球等。但是所产生的费用却令人难以置信的便宜，原因又是如此简单。

表 13-2　燃油车和 AIEV 的使用成本比较

项目	私家车 （燃油车）	有人驾驶出租车 （燃油车）	AIEV
车辆价格（5年折旧）/万日元	40	40	60
年行驶距离/万公里	1	10	10
年保险费/万日元	10	10	10
年燃料费（电费）/万日元	15	150	30
车检费（年平均）/万日元	4	4	4
汽车税（每年）/万日元	4	4	4
停车费（年）/万日元	18	18	18
司机劳务费（年）/万日元	0	（600）	0
总成本（年）/万日元	91	822	126
每行驶1公里的总成本 （每人）/（日元/公里）	91	82.2	12.6
一年行驶1万公里时总成本 （每人）/万日元	91	82.2	12.6

注：根据日经 BP 未来研究所 "Mega Trend 2015（Car & Energy）" 制表。

　　通过现在拥有私家车的10个人共享一辆AIEV，汽车数量将减少到十分之一。也就是说，固定成本（无论汽车是否行驶都一律会产生的成本。私家车的情况下是指除了燃料之外其他所有成本）减少到了原来的十分之一。

　　另外，作为比例成本的燃料费（仅在汽车行驶时才会产生费用）通过转换为电费减少到原来的五分之一，因此AIEV的总成本变得不到私家车的七分之一。

　　如果理解了AIEV的意义，那么就会明白这种AIEV所带来的社会效益和个人利益都是不可估量的。

社会效益：

① 私家车消失，为地球环境作出贡献；

② 通过使用零排放的AIEV为全球环境作出贡献；

③ 大幅减少交通事故和道路堵塞；

④ 面向老龄化问题和人口稀少地区，提供新的交通工具；

⑤ 有效利用购物中心等广域停车场，解决停车难问题；

⑥ 自动构建庞大的储能系统。

个人利益：

① AIEV显著降低个人成本负担；

② 有效利用自动驾驶过程中的个人时间。

在这里，最重要的一点是"社会效益"和"个人利益"是兼容的。一般来说，对全球环境问题作出贡献的技术和产品总是伴随着成本的增加，因此会强加给末端消费者在这方面的负担。然而，AIEV却使这两者完美地同时实现。

AIEV就是物联网（IoT）本身

到目前为止，我们提到的有关AIEV的话题中，已经包含了ET革命的本质的要点。

第11章中讲了在"IT革命"中消失的"三大钝器"。首先是银盐（卤化银）照片。随着数码相机的出现，银盐照相业务似乎一度陷入了危机，但起初又安然无恙。

然而，随着2001年照片邮件的出现，银盐照片毫无招架之力地消失了。照片邮件完全改变了原有的照相业务的价值。

另外，我提到ICE(内燃机)是ET革命中的"三大钝器"之一。考虑到使得银盐照片消失的是照片邮件，那么类似地，ICE消失的触发因素会是什么呢？我认为扣动这个扳机的就是AIEV。

后人大概也会这么说："2010年出现了真正的电动汽车，内燃机汽车似乎一度陷入了危机，不过暂时看起来还是安然无恙的。不过，随着2025年AIEV的出现，内燃机汽车毫无招架之力地消失了。AIEV的出现改变了私人拥有和驾驶汽车的理念。"

同时，当AIEV和近年来开始盛行的IoT（物联网）有着非常高的亲和力。

IoT是"internet of things"的缩写，即"物联网"。"物联网"似乎有各种各样的定义，但总的来说，定义为"一种将可识别的'事物'连接到互联网/云，并通过信息交换来实现相互控制的机制"。

在这个定义中，可识别的"事物"是一辆一辆的AIEV。所有运行状态的AIEV都将接入互联网，既作为交通工具，同时也充当一种传感器，这些AIEV将实时的驾驶速度和所需时间等数据发送到云端。

所有行驶中的AIEV发送的数据将作为比当前更准确的交通拥堵信息返送给所有的AIEV。基于这些信息，AIEV可以构建最佳路线，从而在最短时间内到达目的地。

当然，AIEV的配置、调度、电池电量管理（充电定时）等都可以通过互联网进行集中管理，所以AIEV非常适合物联网，可以说就是物联网本身。

此外，AIEV可用于交通以外的目的。到2025年，预计将总共有500 GW·h以上容量的锂离子电池安装在汽车上，这也意味着将自动建成一个巨大的储能系统，它可以作为社会基础设施使用。

这意味着AIEV还可以用于平衡电力的供需。如果发生电力危机，或者大面积停电的危险迫在眉睫，AIEV可以通过充放电站（注意不是单纯的充电站），一起向电网放电，通过充当电力供应侧解决电力危机。

日本在ET革命中应该扮演的角色

迄今为止，日本在资源、环境和能源领域一直处于世界领先地位。在ET革命中也应当创造出一个巨大的新产业。

毋庸置疑，技术开发对于日本继续保持其优势至关重要。我认为，该领域技术开发成功的关键在于把握"社会效益"和"个人利益"的兼容。能够在这两者之间取得平衡的技术、产品和业务将会生存下来。

乍一看似乎很难，但我认为如果以AIEV为例，就会有解决方案。希望日本在资源、环境、能源等领域继续走在世界前列，成为ET革命世界的优等生。

资源、环境和能源问题是全人类共同面临的重大课题，必须集思广益，寻求解决之道。

正如本书所述，锂离子电池将在解决这些问题中发挥重要作用。我们也希望锂离子电池为未来可持续发展社会的实现作出应有的贡献。

表 电池的历史

年份/年	主要事件
约1780	伽伐尼(意)，由青蛙腿发现电池的原理
1800	伏打(意)，发明了现在的电池原型——伏打电池
1859	普朗泰(法)，发明了铅蓄电池
1866	勒克朗谢(法)，发明了与现在干电池息息相关的勒克朗谢电池
1887~1888	加斯纳(德)，发明干电池 屋井先藏(日)，发明干电池 赫勒森(丹麦)，发明干电池
1895	岛津源藏(岛津制作所第二代社长)，试制铅蓄电池
1899	尤格尔(瑞典)，发明镍镉蓄电池(镍镉电池)
1900	爱迪生(美)，发明镍铁蓄电池
1904	岛津制作所交付了第1号国产铅蓄电池
1955	开始汞电池的国产化
1964	开始碱性干电池的国产化 开始镍镉电池的国产化 开始高性能锰干电池的国产化
1969	开始超高性能锰干电池的国产化
1973	开始一次金属锂电池的国产化
1976	开始氧化银电池的国产化
1977	开始碱性纽扣电池的国产化
1986	开始锌空气电池的国产化
1990	开始镍氢电池的国产化
1991	开始锂离子二次电池的国产化

注：1、基于电池工业会主页的"电池年表"制成。

　　2.关于电池的发明时期，可能因参考资料不同而存在数年差异。

自亚历山德罗·伏打发明电池以来已经过了200年时间。在这200年间，电池一直朝着更安全、使用更简便的方向进化，并且不断地支持着人类的生活。

　　▼ 伏打在1794年发明的"伏打电堆"（复制品）。在铜与锌的中间夹上用盐水浸润的纸来产生电流。这就是伏打电池的原型。

▼18世纪末至19世纪期间诞生的各种各样的电池。（a）伏打电池。（b）丹尼尔电池，它将两种电解液分隔开来使用，是首个具备实用性的电池。（c）丹尼尔电池。（d）格罗夫电池。（e）勒克朗谢电池，目前使用的干电池沿用了这种电池的原理（化学反应）。详情见第3章。

（a）伏打电池

（b）丹尼尔电池
（1836 年）

（c）丹尼尔电池

（d）格罗夫电池
（1845 年）

（e）勒克朗谢电池
（1868 年）

▶屋井先藏制作的"屋井干电池"。虽然因专利获得较迟而未受公认，但据说这可能是世界上最早的干电池。屋井在电池事业上大获成功，因此也被称为"干电池王"。
详情见第3章。

如今，电子设备成了我们生活的重要组成部分，因此锂离子电池也成了生活中不可或缺的一部分。而今后，锂离子电池也将向汽车等更大的领域不断发展，其重要性无疑会进一步增加。

　　▼锂离子电池最大的特征是体积小、重量轻，同时又拥有较高的电动势。可以说像无人机这样在动力源上有上述需要的机器就是因为有了锂离子电池才得以诞生的。

▼如今与我们形影不离的智能手机和笔记本电脑，它们所使用的也是锂离子电池。"充电"几乎成了每天必做的事，因此我们与锂离子电池的关系已经十分密切。

▼作为对于零排放需求的新尝试，搭载锂离子电池的超小型电动共享汽车也已面市。锂离子电池在下一代汽车、实现新型汽车社会方面担当了重要的角色。